智慧城市建设丛书

智能家居应用导论

芮海燕　著

中国建筑工业出版社

图书在版编目（CIP）数据

智能家居应用导论 / 芮海燕著 . —北京：中国建筑工业出版社，2019. 3（2023.3 重印）
（智慧城市建设丛书）
ISBN 978-7-112-23335-9

Ⅰ . ①智… Ⅱ . ①芮… Ⅲ . ①住宅—智能化建筑 Ⅳ . ① TU241

中国版本图书馆 CIP 数据核字（2019）第 033387 号

责任编辑：胡明安
责任设计：李志立
责任校对：李欣慰

智慧城市建设丛书
智能家居应用导论
芮海燕 著
*
中国建筑工业出版社出版、发行（北京海淀三里河路 9 号）
各地新华书店、建筑书店经销
北京建筑工业印刷厂制版
北京中科印刷有限公司印刷
*
开本：787 毫米×960 毫米 1/16 印张：9½ 插页：1 字数：179 千字
2022 年 3 月第一版 2023 年 3 月第二次印刷
定价：**90. 00** 元
ISBN 978-7-112-23335-9
（33635）

序　一

在数字经济蓬勃发展的新时代，数字化重新定义了城市形态和能力，数字孪生城市从概念培育期加速走向建设实施期，随着物联感知、BIM和CIM（城市信息模型）建模、可视化呈现等技术加速应用，万物互联、虚实映射、实时交互的数字孪生城市将成为赋能城市实现高水平增长、提升长期竞争力的紧要抓手。全面推进城市数字化转型，是践行“人民城市人民建，人民城市为人民”重要理念，巩固提升城市核心竞争力和软实力的关键之举。

当前，上海市正以习近平新时代中国特色社会主义思想为指导，深入贯彻习近平总书记考察上海重要讲话和在浦东开发开放30周年庆祝大会上的重要讲话精神，按照整体性转变、全方位赋能、革命性重塑总体要求，将推进城市数字化转型作为推动高质量发展、创造高品质生活、实现高效能治理的重要抓手，从“城市是生命体、有机体”的全局出发，统筹推进城市经济、生活、治理全面数字化转型，聚焦“数智赋能”的基础底座构建、“跨界融合”的数字经济跃升、“以人为本”的数字生活体验、“高效协同”的数字治理变革，率先探索符合时代特征、上海特色的城市数字化转型新路子和新经验，加快建设具有世界影响力的社会主义现代化国际大都市。

而智能家居作为现代化城市数字建筑的一种表现形式，紧扣“数字家园”主题，围绕人在社区的各类需求，打造人人与共、人人参与的数字化城市基础单元；运用数字技术打破了时空界限，带来了生活领域的革命性变革，在线化、协同化、无接触为特点的应用场景不断迭代；构建高效的住宅设施与家庭日程事务的管理系统，提升家居安全性、便利性、舒适性、艺术性，并实现环保节能的居住环境；运用大数据深度挖掘和智能分析，多元化的服务需求将得以精准发现、精准配置和精准触达，分布式、个性化、共享型的数字服务模式渐成主流。

为了更好地全面推进城市数字化转型，促进“以人为本”的数字生活体验的智能家居广泛应用，华建集团芮海燕博士所著的《智能家居应用导论》一书，结合多年来开展智能家居和智能建筑领域的应用研究成果，以智能家居技术、产业发展及典型应用为主线，探索性地梳理阐述了智能家居的基本应用原理。该书是城市数字化中“数字家园”主题的应用性著作，前沿性与实用性相结合，注重理论联系实际，深入浅出，便于推广应用；特向国内外城市数字化工作者推荐。

上海第十五届人民代表大会城市设计环境保护委员会主任

上海市城乡建设和交通工作党委原书记

2021 年 11 月 18 日

序　二

2021年10月18日，中共中央总书记习近平在主持政治局集体学习时强调："近年来，互联网、大数据、云计算、人工智能、区块链等技术加速创新，日益融入经济社会发展各领域全过程，数字经济发展速度之快、辐射范围之广、影响程度之深前所未有，正在成为重组全球要素资源、重塑全球经济结构、改变全球竞争格局的关键力量。"

"要站在统筹中华民族伟大复兴战略全局和世界百年未有之大变局的高度，统筹国内国际两个大局、发展安全两件大事，充分发挥海量数据和丰富应用场景优势，促进数字技术与实体经济深度融合，赋能传统产业转型升级，催生新产业新业态新模式，不断做强做优做大我国数字经济。"

数字建筑作为数字经济在建筑领域的产业应用，指的是：利用BIM和云计算、大数据、物联网、移动互联网、人工智能等信息技术引领产业转型升级的业务战略，它结合先进的精益建造理论方法，集成人员、流程、数据、技术和业务系统，实现建筑的全过程、全要素、全参与方的数字化和智能化，从而构建建筑项目、企业和产业的平台生态新体系。

而智能家居是数字建筑（或智能建筑）的一种表现形式。它以住宅为平台，利用综合布线技术、网络通信技术、安全防范技术、自动控制技术、音视频技术将家居生活有关的设施集成，构建高效的住宅设施与家庭日程事务的管理系统，提升家居安全性、便利性、舒适性、艺术性，并实现环保节能的居住环境。智能家居正在为人们生活提供更加舒适便捷的一种全新模式，呈现百花齐放的蓬勃发展态势。

华东建筑集团股份有限公司（简称：华建集团）是一家以先瞻科技为依托的高新技术上市企业，集团定位为以工程设计咨询为核心，为城镇建设提供高品质综合解决方案的集成服务供应商。连续十多年被美国《工程新闻纪录》列入"全球工程设计公司150强"企业。

在当前数字经济时代，华建集团正在传承建筑文化，以完美的创意和先进的建筑技术，将古典与现代、艺术与商业、舒适与功能、美感与科技完美地结合在一起，秉持绿色设计价值观，赋予建筑独特的风格和超凡的魅力，运用数字建筑技术及其智能家居的美好生活模式，最大程度地满足人民群众的需求，推动未来城市的可持续发展。

为了更好地推进智能家居的广泛应用，我集团芮海燕博士所著的《智能家居应用导论》一书，结合华建集团多年来开展智能家居和智能建筑领域的应用研究成果，以智能家居技术、产业发展及典型应用为主线，探索性地梳理智能家居的基本应用原理。该书兼顾学术性与通俗性，注重理论联系实际，采用大量应用案例；叙述时深入浅出，简单易懂，便于广大读者阅读；是一本很好的应用性教材和参考书，特向国内外同行和合作伙伴推荐。

上海市勘察设计行业协会会长

华东建筑集团股份有限公司党委书记、董事长

2021年11月5日

前　　言

随着人们对于美好生活的不断向往，住宅的“智能化发展”和“宜居化建设”成为建筑师不断关注和研究的设计重点。当前，以时尚、环保、高效、实惠、多元化为特点的智能家居产业作为中国家居产业中一支新兴力量正面临新的崛起。

智能家居是以住宅为平台，利用综合布线、网络通信和音视频技术将家居生活有关的设施集成，构建高效的住宅设施与家庭日程事务的管理系统，提升家居安全性、便利性、舒适性、艺术性，并实现环保节能的居住环境。

智能家居作为智慧城市中创意空间的理念和技术在城市单体细胞的应用体现，正引领产业变革，开启了新的美好生活方式；形成新的生产方式、商业模式和经济增长点。关注城市智能家居产业发展的热门话题，探讨智能家居协同创新发展的应用前景，对于推动智慧城市建设，提高美好生活水平，具有重要的理论意义与实用价值。

上海现代建筑规划设计研究院有限公司（简称“华建集团现代设计院”）是华东建筑集团股份有限公司（股票代码：600629）的全资子公司，华建集团现代设计院发展定位为：提供全过程咨询服务，打造项目全生命周期价值提升的一流品牌，成为城乡规划、文教建设，园区建设、城市更新、人居环境、智能家居智慧社区等专项的业务领域的先行者和实践者。

华建集团现代设计院团队有着丰富项目成功经验，项目遍布长三角都市群、京津冀（雄安新区）环渤海区域、粤港澳大湾区、成渝双城经济圈等；秉持“工匠精神、卓越追求”的品牌理念，提供建筑、结构及机电等全专业工程咨询与设计全过程服务，探索推进数字建筑与智能家居有机结合的创新模式及其应用产品推广。

为了更好地推进智能家居在现代数字建筑中的应用，华建集团现代设计院团队基于多年来的丰富项目成功经验，结合智能家居发展的必要性和紧迫性，以智能家居技术、产业发展及典型应用为主线，特出版本书，分四篇探索性地梳理智能家居的基本应用原理。其中，第 1 篇（智能家居基础论）阐述了智能家居定义与内涵、智能家居产业链与系统架构、智能家居国内外发展现状与趋势、智能家居行业标准与政策环境；第2篇（智能家居生态论）分析了智能家居生态特征，以及传统产品与互联网业务的高度融合度；第3篇（智能家居系统论）研究了智能家居的大系统架构，分别探讨了各子系统的具体功能需求、建设目标与基本标准、主要设备选型与技术指标、主要产品及相关技术以及商业模式等；第4篇（智能家居典型案例）开展了智能家居在不同典型应用案例的需求特征与设计定位的对比分析。

本书兼顾学术性与通俗性，注重理论联系实际，叙述时力求深入浅出，简单易懂，着重理论方法的基本思路与步骤，并用大量的实际应用案例加以说明，便于广大读者阅读。本书读者定位包括企业领导、技术管理和研发人员、大中专学校相关专业的广大师生；可适合开展智能家居研究与应用的企事业单位作为培训或工具书使用，还能作为高等院校相关专业同类课程的教材或教学参考书。

本书在撰写过程中，特别感谢上海市第十五届人民代表大会城市建设环境保护委员会主任委员、上海市城乡建设和交通工作党委原书记崔明华先生。上海市勘察设计行业协会会长、华建集团党委书记、董事长顾伟华先生不吝赐教，为本书作序；十分感谢华建集团现代设计院对本书编撰过程中给予的大力支持和倾囊相助；衷心感谢华建集团智能家居课题组领导和全体成员以及集团外顾问专家提供的大量素材和资料；非常感谢智慧城市、数字建筑与智能家居领域专家学者及企业家们的热情鼓励和指导。由于作者水平有限，书中必有不当之处，还望读者批评指正。

作　者

目　　录

第1篇　智能家居基础论

第2篇 智能家居生态论

第 3 篇 智能家居系统论

第 4 篇 智能家居典型案例

第 1 篇　智能家居基础论

第 1 章　智能家居行业及应用概述

1.1　智能家居行业与产业链

1.1.1　智能家居定义

智能家居作为一个一直在演进过程中的一个古老物种，从美国 1984 年的第一栋智能建筑起到现在，已经有近 40 年的历史，比移动通信的历史还要早，但比计算机的出现要晚。

其实很难给大家耳熟能详的智能家居下个定义，这是一个非常尴尬的事情。一提智能家居，大家好像都懂一些，比如智能灯光开关、智能的灯泡、智能插座等，但是如果真的想下一个定义来描述它的时候，却发现怎么描述都不够准确。

对智能家居的定义可以戏称为“盲人摸象”。有人说是家居自动化，有人说是通信，有人说是传感器，随着移动互联网的蓬勃发展，又有人将智能家居定义为可远程控制的家，甚至 Gartner 在每年发布的技术成熟度曲线（The Hype Cycle）中的名字也叫作“Connected Home”，而不是我们常讲的 Smart Home 亦或别的什么名字。这几年物联网概念的兴起与集成应用落地，在除了路灯，井盖，水、电、气抄表的应用之外，相对比较系统成熟的应用就是智能家居系统了，所以又有人将智能家居叫物联网应用，总之，叫法五花八门。

造成这种结果的原因首先是:“智能家居”这个词的涵义就不够单纯，它是由两个词构成的，一个是“智能”，一个是“家居”。那什么是“智能”的定义？什么又是“家居”的定义？这又是一个仁者见仁、智者见智的事情。其实这两个词还不够原子化，我们得再分，什么是“智”？什么是“能”？什么是“家”？什么是“居”？在这一层上，每个人的理解仍然是有不同的，这里给出以下的理解:

1. 智

这是最吸引人的地方，目前大有各行各业从“互联网 +”向物联网的“智 +”升级转换的趋势。但这个“智”如果再做深层次的探究，就会发现其实智能化还处在行业的“孩童”时代，所有的行为反馈均来自生理的直接反馈（自动化），智能只是人们对这个“孩子”的期许，希望以后能成为智力超人的科学家或什么别的行业有用的人，但别忘了这一过程需要时间，还需要学习，要读十几年的书，还要具备终生学习的能力和习惯才可以有机会。

“学习”是产生“智能”的前提，而学习这件事情仔细一想，其实就是两件事，即：数据获取和数据分析。数据获取也分为两个层面（在下面的描述中还有详细描述），其中最为原始的数据来自于各式各样的传感器，传感器形象一点可以表述为我们的“眼耳鼻舌身”，对应去感知外在世界的“色声香味触”等不同类型的数据，所以有人觉得智能化的进程很大程度上受传感器技术的影响，一定程度上这是对的。但是，数据采集来了还需要“消化吸收”，要能做到“吃牛肉长人肉”，数据才能成为我们真正的营养，而这个过程的初级阶段就是现在的基于大数据技术的机器学习，其实这才是智能家居从自动化联动控制向“智能”演进的起点。基于大数据的学习决策能力就是早期的智。有了基于数据的学习的推演，才能形成完整的“眼耳鼻舌身意”感知载体，来感触“色声香味触法”六识，对现实世界有一个尽可能精确的描述。这个层面以软件为主！

2. 能

能就是能力，使能！能力是用来执行“智”产生的结论、决策的执行机构，就是常说的执行器。这里应该讨论的是它应该是何种存在形式，是独立的还是融合的，是可见的还是隐藏的，是美观的还是……比如我们常见的智能家居系统中的智能开关，推窗器等均属于“能”层面的产品，这个层面以看得见摸得着的产品为主！

3. 家

物理上，家是对“房子”的另一个称呼，首先是一个空间的概念；其次是“家人”，有一个亲情的概念属性在里面，这两个侧面的需求都要考虑到；而当下智能化关注更多的还是房子本身的自动化多一些，因为人要照顾到人的感受，需要采集更多的数据，目前能做到的就是在“家”这个特定的空间内，满足正常生活状态下的部分需求。但是即使是满足这一个条件，已经有非常多的产品和功能被开发了出来解决人对房子的诸多需求，比如照明、安防、防盗，再高级一点比如能源的管理和通信的管理等，这些功能有的以单品形式的产品被送到用户家里实现某一个功能的补充，有的被前装的方式直接在装修时集成进房子里，而随着技术和节能环保概念日益受到大众的重视，家对于智能的集成也在更进一步往设计阶段前置，直接在建房子阶段考虑智能，所以这几年大家会看到很多楼盘都有推出智能精装的概念，但这个实际上大多还是在装修阶段做的，只不过装修是由开发商代为执行了。另一个概念是装配式家居，智能不再单独存在，就如同水电一样，成为一个基础需求，被集成在结构化，模块化的预制构件中，在家的个性化需求上，实现所见即所得的智能化装配家居。

4. 居

日常的生活起居方式，每个家庭都有自己的模式，每个人也都有自己的模式，高度的个性化。

科技以人为本，这是 Nokia 多年以前广告词。智能家居也一样，要以人为本，而且不只是某一个人，而是一个包含了男女老幼的一大家子的家庭，甚至还要考虑宠物，要以家庭为单位考虑需求，有时就不仅仅是变量增加引起的复杂度的数学问题，有时还要考虑家庭成员的意见权重的问题。

客户的需求影响着产品定义，当然也就影响着这个品类的行业定义。因为智能家居这个行业太过特殊，不同于目前我们市场可以购买的任何一种产品或服务，即使最为接近的汽车或PC，也仍然与智能家居的行业生态有着较大的差异。每家每户的实际情况和真实需求均不同，所以，一万个家庭心中就有一万种智能家居定义。

1.1.2 智能家居内涵

基于以上的分析，尝试给出以下的描述性定义：

智能家居是一个包括数据采集系统、数据传输网络、数据处理中心、数据存储中心、云端大数据分析、逻辑决策系统及反馈执行系统等在内的一个可人工远程干预的自治系统；这个系统应该是离散的、多元的、开放的、业务上统一的。

具体的内涵解释如下：

1. 数据采集

数据采集分为至少两个层面，首先是通过各类传感器收集影响日常生活的重要的环境变量，如温度、湿度、灰尘、光照强度、红外信号、WiFi信号、天气、门窗状态等，甚至是主人的声音、表情、身体健康数据（睡眠、心率、体温等）等进行采集的元始数据。其次是利用环境的原始数据和用户的行为数据，通过人工智能（AI）进行大数据分析后得到的二次数据，这些数据可能更隐蔽，所以用户自己都不见得了解，因此，更具有价值。智能居家其实除了人工干预外，它应该是由数据驱动的。没有数据的智能化系统，最多算是机械的自动系统。

2. 数据传输

目前，智能家居在宣传时往往被数据的传输方式所代表，比如我们常听到的Zigbee，Z-Wave，KNX，BT5.0，RF，PLC，485，WiFi等，以及最近比较火的低功耗网络中的NB-IoT和Lora等技术，均是数据传输和组网技术，这些技术被从业者和专业用户笼统的划分为有线/总线系统和无线系统，进而有关于总线系统和无线系统的优缺点的比较论战。这些技术只解决智能化中的一个问题，那就是数据的传输。

3. 数据处理中心

数据有了，怎么处理是个问题，因此各类计算模型被提出来，包括云计算、雾计算、边缘计算等概念用来系统的阐述不同场合下的计算模型，这在智能家居系统中均需要涉及。一般情况下一个系统均有一个网关或叫中控主机的设备，这个设备一般会处理一些简单的数据和逻辑，比如场景的逻辑执行。另一部分主要是在云计算的大脑上，这种分级数据处理模式比较好地解决智能家居系统数据的即时性和系统关联性，即时性高的数据本地马上处理反馈，比如开关灯，先本地执行后再上报状态变化。但有一些深层次的数据计算本地主机的处理能力就不够了，这会涉及数据的整理、分析、挖掘、AI 处理等，需要在云端进行二次加工处理，尤其是增值服务一般都需要在云端处理。

4. 数据存储

数据的存储是进行大数据分析的基础，因受本地数据的存储容量及计算能力的限制，一般数据都是存在云端。需要说明的是目前因为还没有真正做到系统的开放互联，所以这些数据基本上都在各个智能化设备厂商自己手里，同时因为这些数据还涉及用户隐私等法律问题，所以这些数据的分析和深度挖掘尚不理想。

5. 大数据分析、逻辑决策以及反馈执行

形象点打个比喻，如果一个老人用户家里的洗手间，正常情况下每天都是早上 5 点左右感应到有人进入并自动亮灯，但是某一天到 8 点了还有触发，而系统状态又是居家状态，能确定家里是有人的，那此时系统的 AI 模块就该给监护人发报警了。再举一个简单的例子，如果系统发现燃气浓度异常（但在尚在安全范围内），此时可以一方面通知业主，一方面启动抽油烟机排气，必要时还可以开窗透气等。

更为概括的一句话总结，智能家居就是利用了包括传感技术、通信技术、互联网技术、大数据技术、AI 以及自动化技术在内但不限于以上技术的一个自治系统，实现集建筑及家居生活的环境管理、安防保护、健康娱乐于一体的一个辅助人们更安全、舒服、高效的工作生活的集成产品。

1.1.3　智能家居产业链界定

因为智能家居的特殊性，所以当我们试图分析其产业链及生态环境时，不能只从一个单一的角度和视点来看，这是一个“三维”的物种，所以可从以下三个角度来简述智能家居产业链。

1. 从功能维度上

根据上面对智能家居的定义，因为智能家居涉及环境、安防、监控、娱乐、健康、运维以及机电设备管理等环节，所以从功能和产品分类上，以下均属于智能家居的产业链企业。

（1）通信（家庭网络通信）。

（2）监控类（摄像机、可视对讲）。

（3）安防类（防盗、防火、防爆）。

（4）环境类（空调、地暖、新风、空气净化、加湿、遮阳系统、照明系统……）。

（5）娱乐类（背景音乐、家庭影院、客厅影音、电视、游戏机、投影机……）。

（6）健康类（弱势人群照看、护理、情感关照、餐饮、体检）。

随着新技术、新材料、新工艺以及新的生活方式的出现，这一界定会随之而一直不断在演化发展中。

2. 从软件维度上

软件是看不见的思想！智能家居务必要从此角度做一个纵向的观察，才能发现一些有意思的事情。前面在试图给智能家居下定义的时候，其实已经做了部分阐述，智能化是一个集自动化、嵌入式系统、传感器、网络、大数据、云计算、AI 等特征于一体的一个集成应用。所以这里面除了我们看到的设备硬件本身以外，还有支撑这些硬件行为的灵魂部分 : 软件。这里面需要:

（1）基础系统平台，这类企业代表，如华为，根据华为已经公开的战略文档，华为为智能化产业链上的企业提供了包括芯片、操作系统、业务接口、云计算等在内的一整套解决方案，可以帮助华为的企业用户快速的推出有特色的产品。

（2）业务平台类企业，如小米，小米把功夫放在了业务生态的构建上，依靠其强大的品牌影响力（大量的米粉），采取了单品向系统化的征程，以单品布点战略，采用统一的、开放的业务支撑 API，可以迅速集成和整合众多产品及业务，将来这个业务平台 API，其实就可以算是小米在业务平台上的操作系统接口。

（3）服务平台类企业，如苹果，苹果的模式与其 APP Store 保持一致，无论是硬件还是软件，标准由苹果定，放到其商店里出售。不授权品牌，让大家自由竞争。

（4）独立的封闭的软件系统，目前大多数的国内智能家居系统商均属于此类，这里不一一列举。

因此，从软件的角度来看，这个生态里没有弱者，市场很大，战事未开，但已硝烟四起！

3. 从产业分工维度上

在这个维度上，智能家居产业涉及以下角色:

（1）智能家居技术提供商 / 方案商，此类角色向生产厂商或品牌厂商提供整体的技术解决方案。比如阿里提供云端资源，科大讯飞的语音识别，Face++ 的面部识别等。

（2）智能家居品牌商，这个就非常多了，目前据说有 1000+。

（3）智能家居产品制造商，主要是代工厂，有些品牌也会用自己的工厂。

（4）智能家居代理 / 经销商，代理商和经销商往往也是集成商，这里之所以没跟集成商混在一起，是因为其中还是有区别的，集成商承载着更多的责任。

（5）智能家居集成商，智能化生态中最重要，也最有想象空间的一个角色，集成商直接面向客户，提供服务。

（6）智能家居服务商，这个角色还在萌芽阶段，相信随着智能化生态的日趋成熟，这一角色的所起的作用会越来越重要。比如提供专业安保服务的安保公司，提供专业安装服务的工程公司等。未来该角色分工越来越细，效率越来越高。

（7）智能家居单品配件商，这一类厂商一般是拥有独到技术的厂商，通过独到的技术和产品为广大的智能系统厂商提供配套服务。比如众多的机器人厂商，智能音箱厂商等均属此列。

（8）转型中的传统家电厂商，这一部分厂商都在研究传统家电的智能化，目前比较成熟的是智能电视这一品类。

以上三个维度来看智能家居产业链，会是立体全面的，但真实的生态环境其实并没有这么简单明了，背后还有其他的商业维度，目前尚在发展研究中。

1.2　智能家居系统架构与总控系统

1.2.1　智能家居系统架构的总体框图

基于前面的说明，智能居家难以一言以蔽之，所以在讨论系统架构时，得有一个出发点，这个框架图同样要看从哪个角度出发。这里不想以传统介绍智能家居的方式，给出一个所谓的系统拓扑图来阐述智能家居。因为框架或拓扑的目的是为市场和用户服务的，仅从学术的角度借用这种拓扑框图没有价值。比如图 1-1 所示。

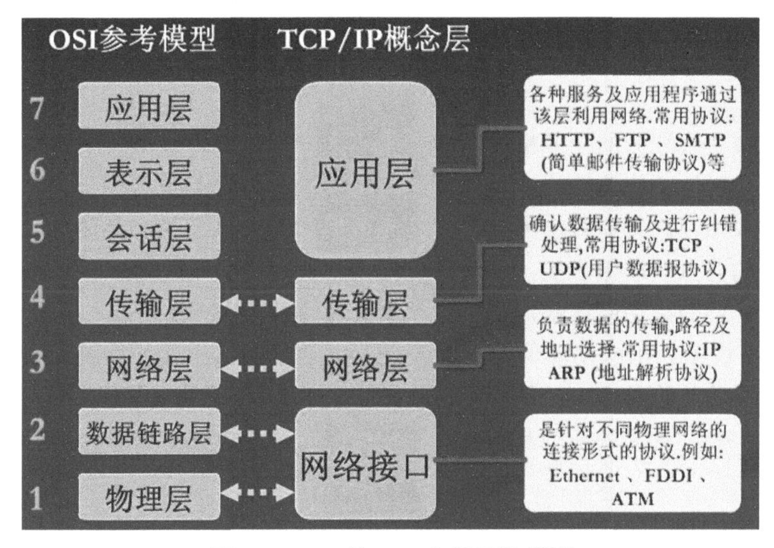

图 1-1　ISO 的 OSI 七层网络模型

这是ISO的OSI标准网络模型，但互联网蓬勃发展了这么多年，非技术圈的人见这张图的机会估计也不多。所以这里选择两个典型的视角来展示智能家居系统的示意框图。

1. 集成商视角

因为集成商直接面向客户，为了便于向客户介绍，一般都是按照功能子系统的分类来介绍，比如照明子系统、安防子系统、娱乐子系统、环境子系统等，根据不同的切分细度，可以分成不同数量的子系统。图1-2是向客户展示的智能家居的功能框图。

图1-2 智能家居的功能框图

这是按实践划分的功能框图，看起来不太学术，但是菜单式的分类，很容易让客户有针对性的快速选择。如前所述，每家人的需求都不一样，喜欢学习的家里甚至不放电视，喜欢浪漫的一定要灯光效果，喜欢显摆的一定要家庭影院，缺乏安全感的会点一堆摄像头，绿色环保的人士会点光伏发电等，不一而足。因为大多数客户要的是功能体验，至于技术本身其实并无所谓。

图1-2中所列出的功能体验，并不是全部的智能化产品子系统。智能化是件外衣，穿在传统物件上，传统物件就会被赋能智能的能力；同时随着人们的想象力和创意，会有更多的新的品类和产品出来；而且是持续演进和动态升级的，并越来越复杂。

2. 软件视角

各个子系统因其所承载的数据类型不同而在架构上有所区别，图1-3更多的是从逻辑上整体展示。

不论什么品牌的智能家居产品，也不论采用了什么通信技术，智能家居的整体框架大都是一致的，如图 1-3，大致可以划分为 5 层。而每个层面之间的交互也都需要一个标准界面，这里借用 API 来代表，尽管可能不算很准确。5 个软件层面，至少需要 4 个级别的 API 集合。软件是相对硬件来说的，是会变的，会升级的；而智能家居作为一种嵌入式应用，嵌入人们的住宅和家具中去，可能需要稳定的运行 8 ～ 10 年。但是人们的生活是需要变的，智能家居的真正核心竞争力并不在于看得见摸得着的那些冷冷的设备，而在于隐藏在这些设备内心深处的软件模型。

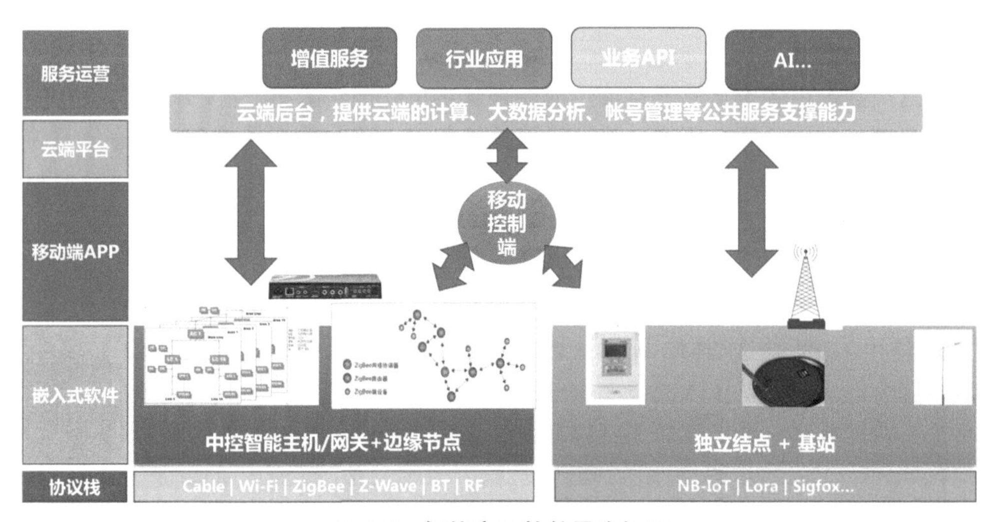

图 1-3　智能家居软件层次视图

号称服务于 IoT 的操作系统很多，但是这一块仍然是一个没有巨头的战略高地，尤其是从垂直业务生态支撑层面全面思考的一个软件生态。但是能看到几个有意思的生态值得关注，因为这些可能会成长为真正的大平台级生态。

HomeKit 为代表的业务平台模式发展的比较平稳健康，得益于苹果认证的加持和其数据巨大的终端设备（iPhone/iPad），一般面向全球市场，单品使用体验相对较好，价格相对偏高；

以小米为代表的单品 / 爆品模式，其开放平台的内心也有一个农村包围城市的理想，得益于小米质优价廉的标签往往销量比较大，面向国内市场，能够快速迭代跟进用户反馈；

华为的 Open Life 还在从芯片到云平台全栈服务，出手大气，还在布局阶段。

但是，如前所述，技术、架构、产品、服务等都是要为人服务的，客户的需求将最终反向定义这些架构和产品，甚至技术！其实客户要的不仅是智能家居而是高质量的智慧生活。

1.2.2 智能家居总控系统与数据采集

智能家居并不是都有总控系统的，是否需要总控系统跟技术方案有关，这里不做过多讨论，但是所有智能家居都是会采集数据的。从本质上来讲，智能家居数据驱动的比例越高，就越智能。简单的人为编程进行基于时间的机械式的自动化控制越来越不受用户喜欢，所以，对于一个智能家居系统来讲，数据采集是一个重要指标。

智能家居系统中的数据类型很多，机械式的分类意义不大，这里简单从数据产生的方式来做一个分类可能更有探讨意义。

1. 原始数据

这类数据由各类传感器直接生成，是真实反映现实的第一层的数据，比如温度、湿度、空气质量、照度、排泄物成分检测等，这些数据是整个智能家居系统的基础，系统的运作全是基于这些原始数据来运作的，但这些数据还只是原材料，需要加工后才有价值。

2. 一级数据

这些数据可能是由中控或云端计算后产生，也有可能是边缘设备在持续的测量过程中给出的结论数据，比如，燃气传感器不必要直接向系统报告当前燃气浓度，因为非正常情况出现的概率很低，如果大量正常状态下的这种无效数据传来传去，会严重影响智能家居系统的稳定性和可靠性。很多技术的带宽都不怎么理想，所以，有限的道路要运送有效的数据，像燃气传感器输出的就是一个结论，燃气已经超警示标准了，系统后面根据这个警示数据，启动相应装置。这种简单处理之后的带有结论性的数据，是目前智能家居系统中大量被使用的数据。

3. 二级数据

再进一步，安防系统当侦测到一个红外入侵信号，是报警还是不报警，取决于当前系统状态以及时段。比如白天在家里没人的情况下，系统处在离家模式状态，这一数据就可以被当作报警信号。由此而产生的“入侵”事件数据，就是系统经过运算和简单逻辑处理后的精加工数据，这类数据更有价值，暂称为二次数据，再比如为老人家里装上智能化设备，如果对一个平常可正常活动的老人来说，白天半天内没有监测到去过厨房或洗手间，也没出过门，基本上系统就可以提醒子女或邻居照看一下了。这种警示数据往往带有更大的智能成分，更多的是面向生活的需求，价值更大。

4. 三级数据

当进入到三级数据阶段，就已经离开人们简单思维可以考虑得到的层面了。基于当下的大数据技术和AI技术，通过AI算法做数据关联和推演挖掘，进一

	网络拓补	适用领域	行业特点	智能家 种
化。 层与	总线，星型	适用于楼宇自控，智能家居	历史悠久，厂商众多，产品成熟，标准化互联互通，施工复杂，一次性投入成本大，维护成本相对低	
纤、	采用双绞线作通信介质时，可构成总线型、星形、环形和自由拓扑网络	适用于楼宇自控，智能家居，工业自动化、轨道交通、船舶控制、飞行控制	产品成熟，符合 LonMark 标准的不同厂家产品可互联互通； 由于 LonWorks 依赖于 Echelon 公司的 Neuron 芯片，所以它的完全开放性也受到一些质疑	
线、 Bus	总线型	适用于工控、智能建筑	支持 Modbus 的厂家超过 400 家，支持 Modbus 的产品超过 600 种。	一般只 备有
适	总线型	工控，智能家居	应用广泛，但因没有上层协议规范，各家私有不兼容	
频 点，	电力线	智能电网，智能居家	产品方案部署简单，但生产厂商少，互不兼容，成本高	丰
复杂 r)、	动态自组网	工控，智能家居	有联盟，厂家众多，优其国内厂商居多，但协议层多为私有，3.0 版本有望实现各厂家不同产品的互联互通问题。另无线产品的稳定性因各厂家所用模块及对底层控制力度的不同而有较大差异	较
网 路由	动态路由	商业照明控制以及智能家居	技术掌握在一家公司（Sigma Designs）手中，联盟强制认证，产品互联互通性好，此阵营厂商相对数量较少	较
	N/A	智能家居 / 消费级	成熟，适用大数据量传输的单品应用，比如智能摄像头	
	N/A	个人消费类电子 / 家庭智能化产品 / 智慧建筑照明及定位	在物联网和智能家居领域尚属后起之秀，试目以待	
、“智宽 +”的管道业务运营商提供了开 伙伴之间的利益链。联合各产业领域的技 展的新空间			推广中	
件不属于硬件设计。一开始的概念是基于 中			国内很少看到，17 年开始在行业展会中露脸	
置了“Home”应用，这个应用里的核心 同时基于苹果封闭的运营体系，设备的安			雷声大，设备少，标准和认证均由苹果掌握	逐渐
			一直在演讲，开源，实际应用少	

步可以得出如何调整光的照度更符合主要的心理和生理健康，如何调整空气温度来满足家里每个成员的需求，维持最佳的环境体验。比如，某人半夜还在电脑前工作，而明天一早有个例会，系统就会建议其不要工作了，此时灯光会自动暗下来，营造入睡氛围。另外，可以根据身体数据来建议食谱、采购相应的食材等。这些数据的产生，则更具价值，也只有到了三级数据使用比例到一定程度时，系统才能真的说是智能化系统了。

所以，智能化系统的核心驱动是数据，数据的消化处理是核心竞争力，目前多数系统还处在使用前三个数据的阶段。

1.3　智能家居常用技术及现状

智能家居应用从 1984 年到现在已经走了快 40 年了，其间从单纯的自动化，到互联网之后的联网家居，以及到目前 IoT、AI 流行的当下，不断地被赋予新的概念和期盼，这种愿望也反映了人们对于美好生活的无限憧憬和期望。要想看明白或说清楚智能家居现在是一个什么状态和水平，还是得把这一“物种”在通信技术、软件平台、生态圈这几个维度上来专项解剖，才能从每一个片面的概念，得出一个相对完整的内容推论。

下面通过表 1-1，对当下常见的一些智能家居技术做一个较为全局性的概述，但是因为从不同的维度来看，会有不同的划分方式。这里只选取了相对比较有代表性的，在智能家居领域使用比较广泛的几个技术做一个普及介绍。

第 2 章　智能家居国内外发展现状与趋势

2.1　国外智能家居发展现状与趋势

智能家居的概念于 20 世纪 70 年代在美国诞生，后来开始传播到日本、欧洲等发达国家并得到了较好的发展。其目的是将家庭中所有和信息相关的通信设备、家用电器、家庭保安装置连接到一个家庭智能化系统上进行集中的或异地的监视、控制和家庭事务性管理，同时保持这些家庭设施与住宅环境的和谐与协调一致。智能家居在国外发展速度很快，自从 1984 年世界上的第一幢智能建筑在美国康涅狄格州出现以后，美国、加拿大、欧洲、澳大利亚和东南亚等经济比较发达的国家和地区先后提出了各种智能家居方案。许多国内外的知名企业也开始研究与智能家庭相关的设备和技术，各种与智能家庭相关的组织和企业也开始相继制定智能家居设备和技术标准，希望能够早日在智能家居领域提供统一的技术标准。

目前，国际上对智能家居的研究已经相当广泛，比如 Stanford 的 Interactive Workspace、MIT 的人工智能实验室的 Intelligent Room 和 GeorgiaTech 的 Aware Home，Microsoft Research 的 EasyLiving，GMD 的 iLand，MIT 开发的 Housen 等研究项目。而针对智慧空间的特例——家庭智慧空间，学术界和工业界许多的研究机构都开展了自己的研究计划，例如 Georgia Tech 的 Aware Home 计划，利用分布式的感应认知系统，开展了对人眼和脸部追踪、声音与影像侦测辨识等方向的研究; MIT CSAIL 实验室的 AIRE 计划，基于 Intelligent Room 原型系统，提出了基于 Agent 的软件平台设计方法; Massachusetts 大学的 The Intelligent Home 计划，使用 TAEMS 任务模型框架解决了资源共享和资源协调的问题; Stanford 大学的 Interactive Workspace 计划的目标是实现“互动式设备的集成”，在该计划中大量不同的设备通过无线或有线网络实现互相通信，使用防火墙技术来保护智慧家庭资料信息的安全; 而 Microsoft 公司的 EasyLiving 计划则是致力于智能环境的体系开发，它更多关注的是在充满大量交互设备的智能环境中用户的体验问题，其研究内容包含: 机器视觉、多传感器的自动和半自动校准和独立于设备的通信等问题。

2.1.1　美国智能家居发展现状与趋势

在美国，乔治亚州大学开发出了一种“aware home”，它是基于普适计算，能够探测和意识到潜在的危险。佛罗里达大学开发了针对老年人和行动不便者的智能家庭网关技术，它是基于环境传感器，节能舒适、安全、行为监测、提醒和激励技术，摔倒探测系统，智能设备和家电，家庭成员的社会关系挖掘，生理监测的生物技术。PlaceLab 使用普适传感器和可穿戴系统监测住户的行为和生命信号，控制能源支出，提供娱乐，学习和通信。在 Boulder，Colorado 开发出了一种自适应的房子，采用神经网络去控制温度、加热、照明等而无需用户预先编程输入，这个系统称为 ACHE，它尝试根据住户的习惯和需要有效利用能源，它持续监测环境并且观察住户的一些行为，通过这些数据来对房间内的模式进行推断，并采用强化学习的方式去预测将来的行为。

MavHome 计划（德克萨斯大学）打算创建一个家居，把它作为一个代理，为住户实现以最小的消耗带来最大的舒适，这个代理必须能传感并且预测用户的行为习惯和对电器的使用习惯，目标就是创建一个通用的用户行为预报器。而所谓的 LeZi 方法，是一种信息理论的技术，被用于创建一种概率模型以预测住户的典型的路线，舒适管理规划和器具的使用。又专门使用 Active LeZi（ALZ）算法计算每个可能动作以目前观察的顺序发生的概率，预测发生概率最高的动作。MavHome 综合了几种技术：数据库、多媒体计算、人工智能、移动计算和机器人技术。

在 Florida，HElal 等人开发了一种智能家居方案，这种方案称为“Gator Tech Smart House”，它以大量的个人智能设备为基础，如邮箱、入户门、床、浴室、地板等，而浴室的镜子被用作一种提醒设备。所有的这些组件都安装了传感器和激励装置，并且和操作平台相连以对老人实现舒适性和安全性最大化。该方案也采用一种高精度的超声波追踪系统对住户进行定位，评估他们的行为习惯，以更好地控制环境，这个方案在实验室里进行了模拟。

Gator Tech Smart House 计划实现了智能家居的功能，这套智能家居有智能邮箱，能够检测是否有邮件进来并通知用户；还有智能入户门，能够使用 RFID 无钥匙进入，还包括摄像机、麦克风、扬声器、LCD 显示和访问者进行交互；这套智能家居还能够通过遥控器调节智能遮光系统平衡周围的灯光和保护私密性；它还有智能床铺来跟踪用户的睡眠模式；它的智能衣柜会根据室外天气给出穿衣建议；它还有智能镜子，该镜子上覆盖了重要的信息并且通过镜子提醒用户；这套家居还有智能浴室，能够对用户的体温、体重等信息进行监测；它在不同的房间和媒体上还设有一系列的智能显示系统来追踪用户在各房间之间的行为；智能冰箱能够监控现有的食物存量，创建购物清单，基于现有的食物建议菜单；智能餐桌，用户可以通过它的声频和视频功能和远程的朋友分享烹饪经验。

马萨诸塞大学的多代理系统实验室开发了一种分布式自治家居控制代理，并且模拟智能家庭环境进行了配置。他们的目标是自动实现一些现在由人为操作的任务，提高效率和服务质量。模拟的智能家居包括4个由走廊连接的房间：一间卧室、一间客厅、一个卫生间和厨房。各种智能代理控制着房间环境，另外，使用一个机器人来拿取东西和移动物品。代理负责对分配到的任务进行推理，基于用户的愿望和资源的可用性确定候选动作的数值。智能代理必须能够基于共享资源进行交互和协作。任务建模、配置框架模型、确定资源、代理交互、任务交互和主要动作的性能特征都被代理用于推理动作的路线和适应环境改变所做的动作。实验室还设计建造了多代理生存模拟器（MASS）和Java代理框架作为评估代理的工具。

在乔治亚技术研究所的Aware Home Research Initiative一个集合了各学科研究人员的团队，构建了一个三层，5040ft2的家居环境，作为家居实验室用以设计、开发和评估新技术。智能地板能够感觉到个人的脚步，把房间构建成一个基于用户的习惯和行为的模型。他们使用了大量的数学工具去创造和评估行为模型：隐藏的Markov模型，简单的特征-向量平均值和神经网络。他们的主要目标是使老年人在他们上了年纪以后还能够居住在相似的家庭环境里，不仅仅是提高他们的生活质量，还要延长他们的生命。Aware Home计划的研究人员还开发了一系列的追踪和传感技术去帮助寻找那些容易频繁丢失的物品，如钱包，眼镜等，并且对他们进行遥控。每个物品都贴了一个小的radio-frequency标签，用户能够通过室内的LCD触摸板和系统交互，系统会通过声频提示引导用户找到丢失的物品。

基于上下文识别计算的微软的Easyliving计划使用追踪视频去监控住户，利用分布式计算来分析和处理这些来源于视频的图像。系统通过跟踪房间内的个人实时识别人形图像，住户通过一个主动徽章系统获得验证。Easyliving几何模型能够对实体进行一米以内范围的定位。对于需要特殊交互的实体可以通过测量方法进行实体间的几何关系定义。在一个假想的例子里，住户（Tom）希望开始播放音乐，智能家居利用它的几何世界知识，基于Tom的当前位置去选择播放器和其他最适合这个任务的组件，这样Tom就可以集中注意力在决定选择哪些音乐上了。当前的开发主要集中在各种设备的集成和为用户提供一个连贯的感觉方面。

2.1.2 欧盟智能家居发展现状与趋势

在欧洲也开发了许多系统，在英国，为虚弱的老人和行动不便者开发了交互式住宅，一套传感器系统能够评估生命信号和行为，提供安全监测和回应，还包括环境控制技术（门、窗、窗帘等）。在捷克的Ostrava大学开发了一种智能公寓能够通过红外传感器研究用户的行为。法国图卢兹的PROSAFE项目旨在支持一种自治生活，在紧急情况下会自动报警，它是将红外传感器内嵌在顶棚上，从而能够对行为进行评估，必要时发出警报。在法国的格勒内布尔，HIS 项目是一间带有红外传感器的公寓，能对行为进行评估，体重和生命信号传感器通过 CAN 网络和数据处理中心连接，在紧急情况下能够传送警报。

2.1.3　日本智能家居发展现状与趋势

日本踏足智能家居领域的时间早于世界其他国家，并成立相关协会，很早就提出了家庭总线系统（Home Bus System，简称 HBS）设想。在邮政省和通产省的指导下，日本 HBS 研究会制定了本国的家庭总线系统标准，成了相关的标准委员会。

日本也是一个智能化家居比较发达的国家，除了实现室内的家用电器自动化联网之外，还通过生物认证实现了自动门识别系统，站在安装于入口处的摄像机前，用大约 1 秒钟的时间，如果确认来人为公寓居民，大门就会打开。即使双手提着东西，也能打开大门。日本的智能化家居还在厕所的座便器垫圈上安装有血压计，当人坐在座便器上时血压计便能检测其血压。而安装在座便器内的血糖检测装置，能自行截流尿样并测出血糖值。此外，厕所内洗手池前的体重仪，可在人洗手的同时测量体重。检测结果均能出现在一个显示器上，全家人的检测值都可被分别保存。

在日本的研究人员通过安装在房间里的红外传感器，在门上的磁性开关，浴室里的自动生物医学设备对住户的行为和生命信号进行监测和收集。在大阪，Matsuoka 开发了一种智能房屋，能够通过 167 个传感器自动监测由疾病或意外导致的非正常事件。他们将 17 个家用电器都安装了传感器，包括电饭煲、空调、冰箱、电视等，每个传感器都和一个或多个动作相关联，如煮饭、洗衣等，他们使用数学模型将原始数据转换为行为数据，这些模型允许对非正常情况进行监测。普适家庭计划作为一个测试工具，通过数据网络将服务和设备、传感器、家电联系起来，传感器系统监视人类的行为，每个房间都有足够多的摄像头去发现和追踪用户，用麦克风去收集语音数据，在地板上的压力传感器追踪用户的移动和家居的定位，两个 RFID 系统用于识别用户，普适家庭的目的就是去帮助用户充分利用用户自适应技术。

2.1.4　韩国智能家居发展现状与趋势

韩国设计了一个基于新型技术的智能家居系统，它利用了 ZigBee 技术在组网通信方面的优势，给 ZigBee 模块上扩展了一些基本的传感器，能够根据传感器采集到的数据得到环境的基本信息，因此，这种智能家居系统能够非常方便地进行动态的监测。

韩国电信用 4A 描述他们的数字化家庭系统（HDS）的特征，即 Any

Device，Any Service，Any Where，Any Time，以此表示这套系统能让主人在任何时间、任何地点操作家里的任何用具、获得任何服务。比如客厅里，录像设备可以按照要求将电视节目录制到硬盘上，电视机、个人电脑、PDA 都会有电视节目指南，预先录制好的节目可在电视、个人电脑和 PDA 上随时播放欣赏；厨房里，始终处于开启状态并联网的电冰箱成了其他智能家电的控制中心，冰箱可以提供美味食谱，也可上网、看电视；卧室内设有家庭保健检查系统，可以监控病人的脉搏、体温、呼吸频率和各种症状，以便医生提供及时的保健服务，通过与卧室的电视机相连，病人则可向医生“面对面”咨询。

还有一种叫作 Nespot 的家庭安全系统，立足于“控制与防止”，将有线与无线网络结合于一体。采用 Nespot，不论在家还是在外，都可通过微型监视摄像头、安装在门上的传感器、燃气泄漏探测器等，将家庭状况实时传到电脑、手机或 PDA 上。也可以远程遥控开灯，营造一种有人在家的氛围。紧急情况下，还可以呼叫急救中心。

2.1.5 其他主要国家智能家居发展现状与趋势

新加坡在 1998 年时也已提出了自己国家独特的智能家居化系统。这个系统包括电表、水表，燃气表的自动抄表与数据传输功能、集中监控功能、可视电话功能、电器自动控制功能。此外还整合了有限电话、电话留言，宽带网络等功能。通过整个智能家居的控制面板来实现这一系列的功能。

德国、意大利等发达国家已有一整套通过了国际质量标准认证的智能家居的基础产品，国际市场占有份额遥遥领先。国外市场上已有例如：朗讯、丽特、奥地利、西蒙等公司，这些公司各自拥有相对完善的智能家居家庭综合布线系统。如：NEYWELL 公司的智能家庭产品、STARGATE 的家居智能化系统、NI 智能家居系统、ALdeluxe 智能家居系统、Vantage 家居自动化系统。正因为现代家居设计中出现并融入了这些智能化的产品，国外的智能家居发展才会随着产品开发商对产品的不断更新换代而呈现出让人惊叹的现代生活方式。在国外，这样的生活场景已经出现：坐在沙发上就可以控制。

澳大利亚智能家居的特点是让房屋做到百分之百的自动化，而且不会看到任何手动的开关。如一个用于推门的按钮，在内部装上一个模拟手指来自动激活；泳池与浴室的供水系统相通，自动加水或者排水；下雨天花园的自动灌溉系统将自动停止工作等很多自动化的设置。不仅如此，这样的智能化房屋只有一处安装了 42 英寸的等离子屏幕可供观察，而大多数房间的视频设备则都隐藏在房间的护壁板中。安全问题也是考验智能家居的标准之一，澳大利亚智能家居保安系统里的传感器数量更多，即使飞过一只小虫，系统都可以探测出来。

西班牙是一个艺术氛围浓厚的国家，住宅楼的外观大多是典型的欧洲传统风格。但当你走进它的时候，才会发现智能化家居的设计的确与众不同。室内自然光充足的时候，带有感应功能的日光灯会自动熄灭，减少能源消耗；安放在屋顶上的天气感应器能够随时得到气候、温度的数据，在下雨的时候它会自动关闭草地洒水喷头、关闭水池；而当太阳光很强的时候，它会自动张开房间和院子里的遮阳篷。地板上不均匀分布着的黑孔是自动除尘器，只需要轻松遥控，它们就会在瞬间清除地板上的所有灰尘、垃圾等，这一切都充满了柔和的艺术气息。

2.2　中国智能家居发展现状与趋势

2.2.1　发展现状

1. 发展历程

根据硬件的智能化和联网化，智能家居的发展经历了三个阶段：

（1）以产品为中心的单品智能阶段

该阶段是智能家居的初级阶段，推出的主要是智能家居的单品，包括智能音箱、智能门锁、智能冰箱、扫地机器人、智能照明灯。这一阶段主要是以手机APP控制为主要智能概念的单品，产品众多，但其智能化并不能匹配用户的预期，且单品相互之前往往独立存在，较少实现互通互联。

单品的自动化与智能化是家居智能化的第一步，但这还远达不到智能家居的标准。智能家居中需要各种家电、系统能够协同工作以提供最佳智慧生活体验，这不是单个产品可以实现的，需要的是一套完整的系统解决方案以及一套互联互通的标注。因此，智能家居进入第二阶段——以场景为中心的互联智能阶段。

（2）以场景为中心的互联智能阶段

互联智能阶段主要是实现智能家居的联动：

一是智能家居各子系统内部联动。智能家居产品包含种类多样，常规可以划分为娱乐、安防、开关控制、照明、厨卫家电、健康医疗、室内环境等七大系统，各系统以自动化与控制为核心，实现内部联动，在多个场景中提供更为舒适、便捷、节能的人性化家居环境。

二是基于不同场景的全屋联动。通过全无线覆盖、高可靠连接、强安全通信、大组网规模等方式，在实现极低功耗的同时，完成上述七大系统在不同场景下互相感知与影响，通过全屋联动达到资源的优化配置。

（3）以用户为中心的智慧家庭阶段

在上一阶段的基础上，推动智能家居与人工智能深入结合，实现智能家居对人的思维和意识进行学习和模仿。这一阶段强调智能家居的“智能”方面，通过运用机器学习、深度学习、云计算等技术，在交互方式和执行决策两个方面实现突破。

交互方式方面，除了指纹识别、手势识别等交互方式外，语音识别已成为多种智能家居设备的标配。前者可用于解锁智能门锁，或通过摄像头识别手势来接收用户的指令。后者最直接的是用来替换传统的家居控制 / 交互方式的，如开灯关灯、播放音乐、电视节目等；特别是以 Echo 音箱为代表的智能语音助手类设备横空出世，智能音箱更被看作是智能家居的未来入口。

执行决策方面，个人身份识别、用户数据收集、产品联动等都将依赖于人工智能得以实现，在提供日常服务的同时，更是可以实现千人千面，推出给更多个性化的服务。在设备自适应运行的同时，设备之间可以协同并进行全屋资源智能协同。

当前条件下，国家越来越重视物联网的发展以及互联网的发展，很多新兴技术逐步出现，对人们家居环境进行一定的改造，为智能家居的发展提供了很大的便利。根据中商产业研究院的统计，2017 年我国智能家居市场规模突破 3000 亿元，2018 年我国的智能家居市场已达 4000 亿元，规模十分庞大。预计未来几年智能家居行业市场规模将进一步扩大（参见图 2-1）。

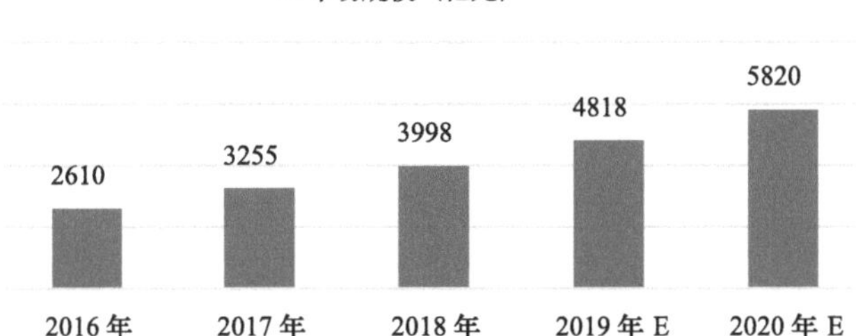

图 2-1　我国智能家居行业市场规模

（数据来源：中商产业研究院）

从世界各国智能家居市场来看，2018 年我国智能家居市场规模位列全球第二，仅次于美国。但从市场渗透率来看，我国仅为 4.9%（参见图 2-2）。

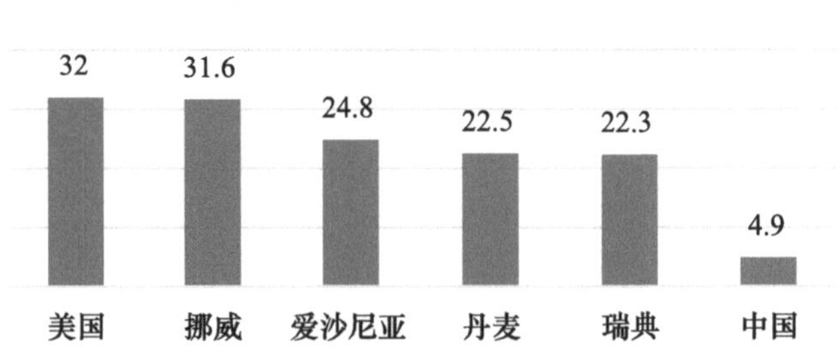

图 2-2　世界各国智能家居市场渗透率

（数据来源：中商产业研究院）

我国智能家居厂商主要集中在珠三角、长三角以及环渤海地区，其中广东省为我国智能家居产品最大的生产制造地，厂商占比达到了 37%，其次是浙江、上海、北京、福建和江苏（参见图 2-3）。

从智能家居品类结构来看，家庭安防占整体市场份额的 28%，位居首位，智能照明、智能家电、智能影音、智能对讲紧随其后，分别为 21%、16%、11%、7%（参见图 2-4）。

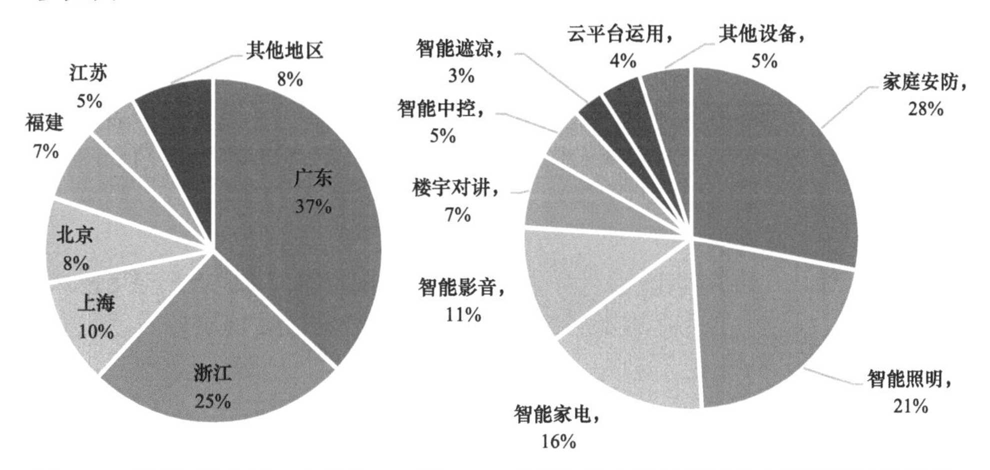

图 2-3　我国智能家居厂商分布
（数据来源：中商产业研究院）

图 2-4　我国智能家居品类结构市场份额统计情况
（数据来源：中商产业研究院）

虽然我国智能家居行业整体发展形势良好，具有丰富的产品及庞大的用户群体，但产品、服务、用户、技术方面仍有进一步发展空间。从产品的角度，供应链还不成熟，品牌认知度较差，产品互通性不足，系统产品推广举步维艰，单品爆款品类缺乏等；从服务的角度，服务体系覆盖不健全，安装服务品类缺乏专业性，不能主动根据故障信息预约服务等；从用户的角度，用户教育认知度碎片化，交互体验繁冗，销售渠道不够通畅，场景营销体验不足，缺乏售前可复制方案设计等；从技术的角度，通讯协议标准不统一，缺乏互联互通，功能升级紧迫等。

2. 发展机遇

自 1984 年第一栋具备建筑设备信息化、整合化的智能建筑在美国诞生以来，人们对智能家居的发展就越发重视起来。嵌入式系统是智能家居行业发展过程中的核心技术，近几年，随着计算机技术、物联网技术的快速发展，智能家居在系统和功能上更是有了很大提升。而我国智能家居行业的快速发展，主要依赖于其社会基础、技术基础、市场环境及国家政策的支持。

（1）从社会角度来说。

我国自改革开放及加入世贸组织以来，人们越来越富裕，对生活质量的要求也提升了。智能家居的舒适、健康及便捷等特点也引起人们的关注。同时，80

后与90后已经成为家居消费的主力军，他们对先进技术感兴趣并善于接受新事物。故而，智能家居的发展具有强大的社会基础。随着信息化时代的到来，大城市几乎所有的小区都已经实现了宽带接入，使得信息化高速公路铺设到每个家庭的门口，这为智能家居建设和运行建立了初步的基础条件。并且随着近几年大家对智能家居认知程度的大幅提升，从而有利于后期的推广运行。

（2）从技术角度来说。

随着一系列物联网政策体系在国内的实施，依托物联网技术在国内的大力发展，家居智能化也逐步从沿海城市向内陆城市发展。另一方面，作为智能家居系统的核心设备，智能家居终端配套技术的不断成熟和产品化，为智能家居终端的推广提供了根本条件。而且，随着嵌入式技术的发展及物联网时代的到来，给智能家居的发展提供了坚固的技术基础。物联网技术打破了“信息孤岛”效应，打破了功能上不关联互动、信息上不共享的独立家电产品所形成的应用障碍。嵌入式系统技术综合了计算机软硬件、传感器技术、集成电路技术、电子应用技术为一体的复杂技术，恰恰为功能复杂、需要综合使用多种技术的智能家居系统提供了得力的解决方案。

（3）从市场角度来说。

在当前的家居市场中，相比较传统家居来说，智能家居所占有的市场份额依然相对较少。但为了抢占市场以及不被市场所淘汰，越来越多的商家企业都在加大对智能家居新产品的研发力度。整体而言，智能家居市场隐藏着巨大商机，发展前景乐观。

（4）从政府角度来说。

2012年住房城乡建设部制定了《国家智慧城市试点暂行管理办法》和《国家智慧城市（区、镇）试点指标体系（试行）》；工业和信息化部制定了《物联网“十二五”发展规划》，根据国家“十二五”规划纲要，智能家居是物联网产业重点发展的十大领域之一。2013年11月，全国智能建筑及居住区数字化标准技术委员会正式发布了《中国智慧城市标准体系研究》。2015年11月1日住房城乡建设部发布了《智能建筑设计标准》GB 50314—2015。家居智能化是推进城市智慧化发展的重要环节，这些政策的出台为智能家居的发展提供了强大的后方保障。

2.2.2 发展趋势

当前我国正处于居民消费升级的重要阶段，在社会发展的过程中，农业化、工业化、信息化已经在逐步融合。国家正在逐步推动智能化、数字化城市的发展，加强信息化建设，并且发布了若干意见，出台了相应的扶持政策，逐步为我国的物联网行业，智能家居行业发展过程中提供一定的帮助，在国家大力扶持的条件下，智能家居会逐步迎来一个发展的重要阶段。

趋势一：以数据为核心，向核心盈利模式靠拢。随着智能家居的进一步普及，用户数量的激增将产生海量的用户生活习惯数据，围绕这些数据进行挖掘分析，并提供个性化服务将成为未来智能家居行业的核心盈利模式，

趋势二：以技术发展为依托，助力智能家居场景实现。云计算、大数据、人工智能、信息安全、传感器、5G 等的技术发展下，用户数据、用户控制数据都将通过智能硬件进一步积累，助力智能家居场景实现。

趋势三：数据贯穿产品与服务，智能硬件产品以智能硬件单品出发，向多样化服务发展。智能家居单品实现互联互通，共同组成相应的智能家居场景化系统，通过收集海量用户的行为数据，提供精准的个性化服务，智能家居将成为完整的体系。

对于智能家居而言，其未来的发展需要考虑到环境控制和安全规范、协议的标准化、新技术和新领域的应用、智能电网和智能家居的融合以及节能环保这几个方面的内容。

1. 环境控制和安全规范

智能家居是为了给人们提供舒适与安全的生活环境而存在的。但是因为智能家居系统在这一个方面还存在诸多问题，所以，这一个方面就成为未来智能家居发展需要解决与完善的工作之一。在家居生活之中，可以将环境控制与安全规范理念贯穿其中，如温度调控、影音设备以及安全控制等，而对于这一个方面还需要将集中控制和远程控制兼顾，这样才可以将家居生活之中的人性化特点完全的展现出来。

2. 协议的标准化

智能家居起步较晚，涉及诸多技术的相互融合，因此，现阶段，市场并没有统一的行业标准，这在很大程度上限制了智能家居市场的推广、随着通信技术标准的逐渐统一，智能家居底层的通信标准将会趋于一致，在上层的应用标准也会进一步融合。家庭用户不会局限于某个厂家的特定产品，而是有了更广的选择空间。

3. 新技术和新领域的应用

在未来发展过程中，智能家居为了满足时代的需求，必定就需要和新的技术进行相互的融合，而 IPv6 等新型通信技术的发展对于智能家居必定能够起到一定的推动作用。在控制方面，智能家居也必定会引领 IT 行业发展的新潮流另外，在改进了智能家居系统之后，也可以应用在商业化的氛围之中，进而将其应用的范围进一步拓宽，这样就使得智能家居的市场也会得到更大程度的扩展。

4. 智能电网与智能家居的结合

在国内，建设智能电网有着其独有的需求，主要是对住宅的智能化设施提供

各种服务，在电力方面的服务过程中，还可以针对智能家居网络形成渗透的作用，这样就使得智能电网用户也能够享受到智能家居的服务。在这样的环境下，智能家居和智能电网之间就会建立出一个紧密的通信联系，进而统筹智能家居和智能电网之间的各种信息，进行最有效的管理，推动智能家居的持续发展。

5. 节能环保

随着智能机器人的发展，在不久的将来，相信它也可以将智能家居控制中心替代，进而对整个智能家居系统加以控制。同时，节能环保、降低成本已经成为智能家居市场发展的主要推动力，现阶段高昂的成本价格成为智能家居市场发展的一大阻碍因素，人们开始质疑智能家居产品，高价的付出能否带来真正的智能价值。智能家居出现是为了帮助人们创造更方便、更舒适的生活环境，而智能化是为了实现低成本和高效率，降低成本的核心就是节能。所以在未来智能家居的发展中，节能环保就成为智能家居必须重点考虑的一个方面。

第 3 章　智能家居行业标准与政策环境

3.1　国际智能家居行业标准与相关政策

3.1.1　智能家居行业标准

在智能家居这个“战场”上，既有高通、英特尔、T I 等老牌科技企业，谷歌、苹果、微软这些互联网巨头，也有海尔、三星、L G 这些家电厂商，以及广电、中国移动这类运营商。由于利益划分问题，智能家居行业呈现着标准不统一、协议不兼容的现象。比如英特尔与三星、戴尔、博通、Atmel 等公司联合成立了智能家居设备标准联盟 OIC，谷歌、苹果、微软这些互联网厂商加入了高通主导的 A l lS e en 联盟。此外，苹果自己还搞了个 Homekit，谷歌收购了 Nest 以后也力推 Th re ad。这对于进入第三阶段的智能家居行业是个不利的消息。

PC、智能手机等产业的飞速发展，同整个行业硬件、操作系统的标准或协议的全球统一兼容有很大关系。同样，智能家居是一个完整的系统，它需要一个发号施令的人工智能中枢，还要有摄像头、电机、处理器、通信芯片等硬件设施，以及神经网络、深度学习、计算机视觉、语言和图像理解、遗传编程等多方面的集成。以上每个环节都缺一不可，都需要庞大的科研队伍，不是任何一家公司或联盟可以完成的。

根据国家标准化管理委员会 2017 年第 32 号文件，《物联网智能家居 设备描述方法》GB/T 35134—2017、《物联网智能家居 数据和设备编码》GB/T 35143—2017、《智能家居自动控制设备通用技术要求》GB/T 35136—2017 3 项产品国家标准批准发布。

《物联网智能家居 设备描述方法》GB/T 35134—2017 规定了物联网智能家居设备的描述方法、描述文件的格式要求、功能对象类型、描述文件元素的定义域和编码、描述文件的使用流程和功能对象数据结构。

《物联网智能家居 数据和设备编码》GB/T 35143—2017 规定了智能家居系统中各种设备的基础数据和运行数据的编码序号，设备类型的划分和设备编码规则。两项标准适用于智能家居系统中相关设备的应用与管理。

《智能家居自动控制设备通用技术要求》GB/T 35136—2017 规定了家庭自动化系统中家用电子设备自主协同工作所涉及的通信要求、设备要求、控制要求和控制安全要求，适用于智能家居电子设备的自动控制应用。

智能家居标准的制定密切结合了目前的发展现状，标准的实施将会对我国信息产业起到重要的推动作用，同时，也为设计院、施工单位、业主、物业管理等各方面提供工作依据，增强施工单位对后期维护和升级的信心，形成国内智能家居标准化的统一，为智能家居产业深入推广打下基础。

3.1.2 智能家居行业标准的演进

美国电子工业协会于1988年编制了第1个适用于家庭住宅的电气设计标准，即《家庭自动化系统与通讯标准》也有称之为家庭总线系标准（HBS）；我国也从1997年初开始制定《小康住宅电气设计（标准）导则》（讨论稿）。在《小康住宅电气设计（标准）导则》中规定了小康住宅小区电气设计总体上应满足以下要求：高度的安全性，舒适的生活环境，便利的通信方式，综合的信息服务，家庭智能化系统。同时也对小康住宅与小区建设在安全防范、家庭设备自动化和通信与网络配置等方面提出了三级设计标准，即：第一级为“理想目标”，第二级为“普及目标”，第三级为“最低目标”。

1999年3月10日，微软公司董事长比尔·盖茨在深圳宣布了“维纳斯计划”。这是一项专门针对中国信息产业和家电市场，为中国量身定做的数字生活家电的解决方案。目标是要开发一个新的基于微软 Windows CE 操作系统的集计算、娱乐、教育、交流、通信和网上冲浪等功能于一体或相结合的产品。其产品最大的特点是价格便宜，易学易用，可满足非 PC（个人电脑、微机）用户使用电脑和上网的需求；它是介于电脑和家电之间的产品。

3.2 国外智能家居标准现状

3.2.1 电子通信领域

1. Z-Wave：短距离无线通信技术

Z-Wave 是由丹麦公司 Zensys 所一手主导的无线组网规格。它是一种新兴的基于射频的、低成本、低功耗、高可靠、适于网络的短距离无线通信技术。该联盟已经具有160多家国际知名公司，范围基本覆盖全球各个国家和地区。

Z-Wave 技术设计用于住宅、照明商业控制以及状态读取应用，例如，抄表、照明及家电控制、HVAC、接入控制、防盗及火灾检测等。Z-Wave 可将任何独立的设备转换为智能网络设备，从而可以实现控制和无线监测。Z-Wave 技术在最初设计时，就定位于智能家居无线控制领域。采用小数据格式传输，40kb/s 的传输速率足以应对，早期甚至使用 9.6kb/s 的速率传输。与同类的其他无线技术相比，拥有相对较低的传输频率、相对较远的传输距离和一定的价格优势。

Z-Wave 技术专门针对窄带应用并采用创新的软件解决方案取代成本高的

硬件，因此只需花费其他类似技术的一小部分成本就可以组建高质量的无线网络。

Z-Wave是一种结构简单，成本低廉，性能可靠的无线通信技术，通过Z-Wave技术构建的无线网络，不仅可以通过本网络设备实现对家电的遥控，甚至可以通过Internet网络对Z-Wave网络中的设备进行控制。另外，它可将任何独立的设备转换为智能网络设备，从而可以实现控制和无线监测。因此，它在最初设计时，就定位于智能家居无线控制领域。换句话说，它就是为智能家居的无线控制而生的。

2. Zigbee: 低速短距离传输的无线网络协议

ZigBee是基于IEEE802.15.4标准的低功耗局域网协议。根据国际标准规定，ZigBee技术是一种短距离、低功耗的无线通信技术。这一名称（又称紫蜂协议）来源于蜜蜂的八字舞，由于蜜蜂（bee）是靠飞翔和“嗡嗡”（zig）地抖动翅膀的“舞蹈”来与同伴传递花粉所在方位信息，也就是说蜜蜂依靠这样的方式构成了群体中的通信网络。其特点是近距离、低复杂度、自组织、低功耗、低数据速率。主要适合用于自动控制和远程控制领域，可以嵌入各种设备。简而言之，ZigBee就是一种便宜的，低功耗的近距离无线组网通信技术。ZigBee是一种低速短距离传输的无线网络协议。

Zigbee标准具有以下特点:

（1）低功耗。在低耗电待机模式下，2节5号干电池可支持1个节点工作6～24个月，甚至更长。这是ZigBee的突出优势。相比较，蓝牙能工作数周、WiFi可工作数小时。

（2）低成本。通过大幅简化协议（不到蓝牙的1/10），降低了对通信控制器的要求，而且ZigBee免协议专利费。每块芯片的价格大约为2美元。

（3）低速率。ZigBee工作在20～250kbps的速率，分别提供250kbps（2.4GHz）、40kbps（915 MHz）和20kbps（868 MHz）的原始数据吞吐率，满足低速率传输数据的应用需求。

（4）近距离。传输范围一般介于10～100m之间，在增加发射功率后，亦可增加到1～3km。这指的是相邻节点间的距离。如果通过路由和节点间通信的接力，传输距离将可以更远。

（5）短时延。ZigBee的响应速度较快，一般从睡眠转入工作状态只需15ms，节点连接进入网络只需30ms，进一步节省了电能。相比较，蓝牙需要3～10s、WiFi需要3s。

（6）高容量。ZigBee可采用星状、片状和网状网络结构，由一个主节点管理若干子节点，最多一个主节点可管理254个子节点；同时主节点还可由上一层网络节点管理，最多可组成65000个节点的大网。

（7）高安全。ZigBee 提供了三级安全模式，包括无安全设定、使用访问控制清单（Access Control List，ACL）防止非法获取数据以及采用高级加密标准（AES 128）的对称密码，以灵活确定其安全属性。

（8）免执照频段。使用工业科学医疗（ISM）频段，915MHz（美国），868MHz（欧洲），2.4GHz（全球）。

2012 年 4 月，国际 ZigBee 联盟推出了 ZigBeeLightLink，便意味着设定了共同标准，可有效地解决上述问题。通过全球主要照明设备制造商的共同开发，ZLL 不仅定义了一种先进的灯控应用信息传递协议，而且还纳入一种简单的配置机制，使消费者可以开箱即用，系统配置就像按一下按钮一样简单。除了这些新特点外，ZigBeeLightLink 具有所有 ZigBee 网络的固有技术优势，实现了基于 IEEE802.15.4 的低功率、低成本、健壮、安全的无线网络。

而至于 Z-wave 和 Zigbee 哪个更优一些，网上有说 Z-Wave 在订立之初就以家庭自动化应用为目标，而 ZigBee 则是追求更广泛的应用，因此两者最初的指导思想不太一样，也各有优劣。至于选择哪种技术作为自己产品的基础，就全凭企业自身决定了。

3. Allseen：物联网联盟

谈到 Allseen，其实应该是 Allseen 联盟。由 Linux 基金会、高通、LG、夏普、海尔、松下、HTC、Silicon Image、TP-Link、思科等企业组成的物联网联盟。

AllSeen 联盟最初的框架来源于 AllJoyn 开源项目，主要由高通创新中心驱动，后来涉及处理器厂商、网络基础设施商、路由器厂商、家庭终端厂商等。加入联盟的企业，希望能够可以互相通信。

2014 年 9 月，AllSeen 联盟主席 Liat Ben-Zur 在自己的博客汇报了一下 AllSeen 联盟的工作情况：已经拥有了九个重要会员以及 42 个社区会员；由会员领导的八个工作组，正在积极地工作以提交更好的代码，实现附加的功能和改进，比如安全和照明；两个版本的 AllJoyn 已经被发布，包括 SDK；AllJoyn 项目能扩展到所有 HLOS 平台，从 Android 到 IOS 再到 Linux，OpenWRT，Windows 甚至各种内存和处理能力极度受限的嵌入式 RTOS 解决方案。

从工作进程可以看出，Allseen 联盟试图给大家带来一个开放式的平台，至少在成员内部要实现代码开放，让成员之间的产品能够融入技术标准中。

4. Thread：以 Google 为首的联盟

Google 收购 Nest 后，由 Nest 主导的，成员包括 ARM、SiliconLabs、Freescale、Samsung 的产业组织 ThreadGroup，公布了 1.0 版的 Thread 规格。Thread 其实是另一帮企业搞的一个联盟的标准。当时公布的时候，大家认为“物联网标准将会实现统一”。

3.2.2　建筑与社区信息化领域

建筑与社区信息化领域，国家标准有《建筑及居住区数字化技术应用 第 1 部分：系统通用要求》GB/T 20299.1-2006、《建筑及居住区数字化技术应用 第 2 部分：检测验收》GB/T 20299.2-2006、《建筑及居住区数字化技术应用 第 3 部分：物业管理》GB/T 20299.3-2006、《建筑及居住区数字化技术应用 第 4 部分：控制网络通信协议应用要求》GB/T 20299.4-2006，行业标准有《家用及建筑用电子系统（HBES）通用技术条件》CJ/T 356-2010。

3.2.3　智能家电领域

家电领域行业标准有《网络家电通用要求》QB/T 2836-2006。

3.3　中国智能家居行业标准发展趋势分析

物联网作为国家战略性新兴产业的重要部分，智能家居作为物联网的重要应用得到政府的支持，由于智能家居和物联网涉及的行业较为广泛，各行业之间、用户之间有较强的相对独立性，使得基于物联网的智能家居在现有的架构下，没有统一的标准可以遵循，终端和网络配合欠佳、重复开发现象严重、行业用户开发和维护成本居高不下、各类应用无法有效管理、服务质量无保证等问题，这在一定程度上制约了智能家居的快速推广和规模化发展。

智能家居系统的可集成性是建立在系统的开放性基础之上的，这就要求系统所采用的协议必须有广泛的产品支持，单一厂商的子系统不能构成智能家居系统。

2016 年 11 月，工业和信息化部电子信息司联合国家标准化管理委员会，制定发布了《智慧家庭综合标准化体系建设指南》（工信部联科〔2016〕375 号），按照关键技术、主要产品、典型服务等维度，形成了涵盖基础类标准、终端类标准、安全类标准、服务类标准等 4 方面内容的综合标准化体系。但是，该指南所针对的范围不够完整，只是智慧家庭标准，与智能家居的概念还有一定距离。

标准的建立，有利于打造合理、公平竞争的行业秩序和市场环境，减少和消除行业壁垒，促进行业内的相互交流，为技术发展提供广阔平台，实现智能家居厂商的共赢，促进智能家居行业的爆发式增长。

对于厂商来说，规范的应用标准和技术要求，可以促进大规模的生产和销售，降低生产成本，培育出广泛的市场需求，也将催生出更多的关联企业，致力于智能家居领域各子系统的研发和生产，提供更专业、更优质的上下游配套产品和服务，加速整个行业的发展。

对于分销商而言，由于产品兼容性得到极大提升，随之而来的是产品价格的降低，消费群体的矩阵式扩张，提供了利润增长点，可以依据细分市场的需求，供应不同品牌、不同档次的产品。统一的标准，同时也带来统一的技术支持和售后服务，可以减少经销商的后顾之忧。

受益最大、最直接的无疑是用户。随着智能家居产品价格下降，平民化的智能家居产品走进千家万户，用户个性化的需求和喜好也能够得到满足。

同时，标准的确立也将吸引国外企业进入中国市场，产品更趋多元化。

中国轻工业联合会和中国家用电器研究院联合宣布启动智能家居团体标准研制工作，并发布了《智能家电产业 NB-IoT 技术应用白皮书》，力促智能家居产业的规范化、持续化发展。

该白皮书囊括智能家电产业现状、NB-IoT 应用技术、基于 NB-IoT 的智能家电网络架构和解决方案，以及基于 NB-IoT 的智能家电发展趋势等内容。

未来智能家居产业必将迎来爆发，人脸识别、人工智能的领先技术与智能家居的深度融合，将会给产业强大的生命力。统一标准的出台将有助于打破行业壁垒，形成行业合力，最大限度地挖掘智能家居产业的潜力。

第 2 篇　智能家居生态论

第 4 章　智能化的新视角

这里试图以提问题并探讨的模式来展示观点和理解，同时，也可以就这些问题展开持续和深入的针对性交流，以期碰撞和挖掘深度价值。

4.1　什么是智能家居?

在讨论智能家居以前，先问一下“什么是智能家居”这个问题。在往下阅读之前，你可以尝试先写下自己对智能家居的定义。

4.1.1　盲人摸象

用“盲人摸象”（图 4-1）来回答“什么是智能家居”？这个问题可能最贴切不过了。因为，谁也说不清楚什么是智能家居。造成这一现象的原因很多，其中最主要的原因是由于智能家居这个系统的复杂性造成的，相对成体系的智能家居系统是由多个子系统构成的，如图 4-1 就比较形象地表述了回答这一问题的难度。

图 4-1　盲人摸象示意图

（此图引用，版权归原作者所用）

从技术上来讲，当前的智能家居系统是由计算机、通信、自动化、传感器、大数据与云计算以及 AI 等技术领域共同孵化出来的“新物种”。因为这个“新物种”的遗传基因比较复杂，所以不同行业背景的从业者在观察这个物种时，就比较容易看到自己行业的影子，可是这并不是事实的全部。

另外从产品形态的角度，也不存在一个产品叫“智能家居”，它不同于电视、洗衣机这类功能单一的家电，就解决一个问题，买回来插上电就能用，智能家居首先要解决的就是多种设备互联的问题，所以它首先是个通信技术 / 系统，到目前为止行业里对智能化的划分也大都停留在以通信技术来进行分类的层次上，比如 KNX，485 总线，Zigbee，等，但是通信技术也仅是其中的一部分而已，这种分法明显带有电气工业时代的印记，但是现在已经处在移动互联网的时代了，这种分法其内涵明显已经不太合适了，一方面是因为系统已经从原来的简单通信控制进化到更加综合和复杂的应用服务了，另一方面，每种技术都有自己的特色和适用场景，所以众多的智能化生产厂商也在整合各种技术与一身，所以往往一套智能化产品中既有总线技术，也有无线技术，尤其实施的时候，集成商更喜欢无线技术，简单高效。

所以什么是智能家居这个问题看似简单，实则非常不容易用一两句话把这事说明白，定义清楚。

4.1.2　智能化系统

智能家居概念的出现其实非常久远了，甚至上古时代的神话传说中就有对智慧化生活方式的描述，但是这种向往直到 1984 年美国联合科技公司的 City Place Building 项目才算是真正实现了智能型建筑，智能家居的序幕正式拉开，但有点出乎大家意料的是，这个序幕有点长，直到现在还没完全拉开。

因为智能化系统服务于我们的“吃喝拉撒行住坐卧睡”等生活的方方面面，未来，比你更了解你自己的是家庭智能化系统。在分析你的生活数据后，会提供给你一个更真实和客观的你，这是大数据和人工智能做的事情，所以展望接下来的 5 ～ 10 年，智能家居有可能成为第一个全景式的数字生活的大数据应用，其中远期前景非常诱人。这一层的意义是在传感器和基于大数据的人工智能发展起来以后，才赋予智能家居的新境界。

物联网已升级为国家战略，而智能家居是物联网的一个应用，所以大家都一致认可这个“新物种”的辉煌未来，前赴后继地加入智能化产业队伍。但是，所有喂养该物种的智能企业好像都低估了这货的“食量”，又高估了这货的成长速度，因为它对资金和资源的消耗都很大，同时也很难短期内实现健康且正向的现金流，所以真正从智能化上赚到钱的企业少之又少。

4.1.3 智能家居的内热外冷

智能家居从最早的家居自动化到现在，发展了30多年，虽然它不断地将新技术纳入其中（如云计算、大数据、人工智能等），也一直勇猛精进地用无止境的新技术为我们服务，但有趣的是，很多客户却反映“这跟十多年前家里装的东西没啥区别啊”，这又是因为什么？

这里来尝试来阐述一下智能家居的内热外冷是怎么产生的。“智能家居”这个词在英文中并不是叫“Smart Home”或“Intelligent Home”，这件事在其最初是叫Home Automation，比如ZHA就是Zigbee协议栈的一个profile叫Zibgee Home Automation的缩写。后来，在互联网兴起之后，互联网连接了大量的传统物件和行业（现在叫互联网+），连到哪里，对应的领域就发生一次翻天覆地的变化。互联网连接到房子，连接到家庭后，就开启了智能家居的信息时代，所以“智能家居”的另一个英文名也被称为Connected Home（参见图4-2中Gartner发布的新技术成熟度曲线-The Hype Cycle，大家找找2015年的Connected Home在什么位置）。

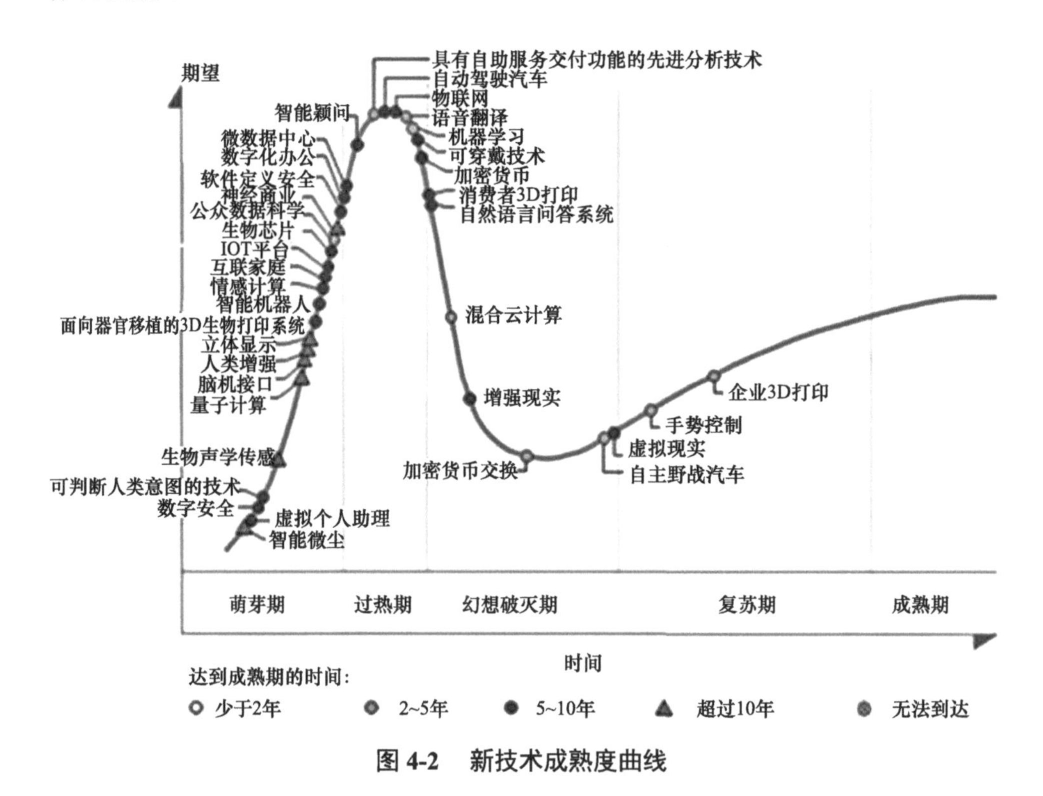

图4-2 新技术成熟度曲线

以上稍微费了点篇幅介绍这几个词的目的，一方面是因为这几个词都带了浓郁的时代特征，用词比较写实，早期用“Home Automation”，因为那时网络不普及，现在叫“Connected Home”，因为可以联网了，可以跟家保持 24h 的连接了，很好奇为什么他们没有给这么高科技的一个系统取一个带有科技感的名字（尽管他们的科幻电影很棒！）。相比较而言，最喜欢的还是中国人给取的名字，“智能家居”，这个名字带有对这事的强烈的期许和前瞻性。

“智能”一词对于国人的语境更接近“体贴”，之所以“体贴”是因为“善解人意”。所以，智能家居必须是善解人意的，随时随地按不同家庭成员的需要提供服务，智能家居不仅应该通过自动化控制满足我们生活的基本需求（物理的，生理的）；还应该通过“智能”提高我们的精神幸福感和享受，带来身份地位的尊贵感，要解意，也就是满足精神层面的需求，要不然谈何“智能”？ 我有不少客户就是为了“智能”二字而选择的智能家居，在家庭生活中，Automation 是养懒人的，“智能”是上档次的，这是我从客户那里总结来的，所以碰巧你也在做智能家居，向客户推荐的时候要注意引导“话术”的用词。

所以简单总结下来，我们不仅需要智能家居的高效方便，也需要智能化带给我们的更健康、更有趣、更善解人意的智慧生活方式，这个综合的需求涵盖了人性的方方面面，所以，智能家居热是有潜在刚性需求支撑的。这在行内，大家或多或少的从不同方向都认可并看好智能化，热度持续升温，但是为何做过一两年的行内人士普遍反馈一个认识“智能化不是刚需”，如前所述，这个行业内热外冷！

在落地的过程中，用户对“智能家居”的认识受市场宣传和影视作品的影响，普遍超出当下预期，体验完展厅，不少人会直言好像没有想像的那么“炫酷”。 这是用户的期望管理出了问题。用户对于智能化的应用很冷，一方面是客户期望没有管理好，另外几个很重要的因素，智能化普及的方式和模式以及价格等其他因素都影响着用户的感受和决定，冷是有原因的，不是需求不刚性，而是我们挖掘的不够！

4.2 “锦上添花”还是“标配”？

说到这里，如果给智能家居在必要性上做个描述，那当下最合适的词汇很多人会选“锦上添花”。在物质极大丰富的时代，让人们的生活更有质量、更健康、更有效率、更有乐趣、更开心是大家共同的追求。越来越大的房子是那块“锦”，智能家居系统恰恰就是这朵“花”，因为这朵花的装扮，家才更安全，更健康，更温馨。当“锦”人手一块的时候，对“花”的需求其实已经不是可有可无了，而是一种必需品，只是每个房子都有自己合适的那朵花，而不是一朵花可以适配所有房子，前面提到的业主不买账的情况其实是假象，也就是“冷”的市场是不存在的，只是用错了产品，说错了话之后的一个必然反应，而不是大家没需求！因为互联网为首的新技术已经把我们的生活模式拉入了“版本升级”的快车道，通道的另一端就是逐渐清晰的智慧生活，一种更接近幸福的生活方式！所以如果一定要用一句话来定义智能家居，那是不是可以说“支撑房子给人们过上智慧生活的服务系统”就叫智能家居。

4.2.1 什么叫“智慧生活”？

如果用文字描述的话，可以想像几个场景看算不算智慧生活：

• 一日三餐不用愁，你饿了，可口且健康的餐食自动做好送到你嘴边；

• 严寒酷暑无担忧，室内的温度随着你的喜好自动调节，睡着了夏天空调自动变小风量，冬天自动盖上合适的棉被；

• 无聊了具有高度 AI 的“人形”保姆陪你聊天，或者帮读故事；

• 身体略有不良反应，系统自动测量，必要时直接送医院看医生；

• 冬天自动提供冬衣，夏天自动提供清凉的夏装；

• 出门自动帮你叫好出租车，回来自动帮你洗掉换下的脏衣服；

…

是不是很酷？

你一定觉得非常酷，这正是想要的智慧生活的一部分。

但是，稍微关注科技进展的人们应该都有点疑虑，“现在做到完全如此智能好像还不可能吧？”，尤其让系统自动的感应你的感觉及心情，好像这个技术还没有进入到实用阶段，让系统听懂我的需要就不错了 。确实，语音识别技术自从基于大数据和云计算技术的加持后，这几年发展很迅速，比如像 Apple 家的 Siri 或是 Microsoft 家的小娜亦或 Amazon 家的 Alexa，都可以很容易地完成语音命令控制（其实这也不是啥新技术，IBM 家的 ViaVoice 在 1995 年时 75MHz 的 586 PC 上对普通话的识别准确度就已经达到 90% 了）。国内该领域的领头羊科大讯飞这两年发展得非常好，从 2016 年开始，很多赶时髦的智能化公司把语音以及前面所讲的“人形”保姆整合到一起，做了一个家用智能化机器人，你想完成啥事，只需要喊一声“X，开灯”，如同上帝说的“要有光”一样自然，平静中透着自豪和霸气！这才是我们要的智慧生活！

接下来需要用到一点初中代数的知识，下面是见证奇迹的时刻：

如果令：X =“妈”，你会发现一个惊人的历史发现！

“妈，开灯”；

“妈，我饿了”；

“妈，我尿床了”；

“妈，我热”；

“妈，我要喝冰水”；

……

原来，我们一直生活在智能时代！从一出生开始，即是生活在高度的 AI 环境中，不用怀疑，难道有人是需要说一声“妈，我饿了”才吃上奶的吗？不用说，你妈就知道，这就是智慧生活！

原来我们对智能家居的期许是带给我们儿时无忧无虑随心所欲的生活，对这种生活的向往是因为我们儿时的记忆，但是，随着年龄的长大，我们的学习赋予我们良心属性，发现妈妈不能老当保姆使唤，所以有钱人家才雇用了真正的保姆，但保姆又不能像妈妈那样让人放心，同时因为人工成本的提高，可以雇得起保姆的人家不多，即使多，也没那么多人可以雇佣，怎么办？工薪阶层也有对美好生活的向往的权利，享受智慧生活的便利，怎么办？

4.2.2　让机器为我们服务！

这就是智能家居的起源和缘起！所以，到现在我们如果再给智能家居下个定义，一个很简单的人文范儿的定义，那就是“智能家居系统就是一个电子版本的管家和保姆”。它的成长演进，可用图 4-3 来表示。从最顶端的“家居自动化”开始，顺时针方向。

图 4-3　智慧生活的成长演进示意图

智能家居的目的和唯一任务就是让人们过上“智慧生活”。

上文从社会，心理和习惯上对智能家居做了一个人文定义，但这只是智能家居的一个侧面，不是全部，如果我们从消费类电子产品的角度，智能家居应该如何定义？

前面也说了，智能家居是个新物种！是因为这是一个听得到，但是摸不着的产品。传统的3C产品满足的是我们生活中某一方面的需求，比如电视，带给我们视觉的享受，比如洗衣机，帮我们在个人卫生的打理上节省出时间去看电视等，这些产品都有一个共同的特点，那就都有各种品牌和具体型号，拿回家插上电就能用，但是在智能家居上你找不到一个有型号的具体产品。因为智能家居与生活方式有关，与人有关，与不同人的习惯有关，与家庭成员的结构有关，与地域有关，与文化有关，与受教育有关，与性格有关，与健康有关，与心情有关，与价格有关，与太多因素相关，同时还要根据空间设计，装修设计等环节做有机的融合，并不是独立的，所以，一千个家庭有一千个风格的智能化家居方案，如同那个“哈姆雷特”。简单说就是涵盖你生活的方方面面（包括能见人的，也有见不得人的）的智慧生活既有共性的模式，也有个性的差异，所以你根本找不到一个叫“智能家居”天生产品来满足每个家庭的所有需求，只能靠个性化的集成定制来满足每个家庭的需求，这也是集成商的价值所在之一。

总之，因为智能化系统的复杂性，跨行业，跨产业等特性造就了很难一句话有一个精准的定义，也很难从一个维度就把这件事做好，仅以下面这首诗作一个小结。

横看成岭侧成峰，远近高低各不同，不识庐山真面目，只缘身在此山中！

总而言之，当由众多的单一技术和单一产品集成融合成为一个一句话讲不清楚的新物种时，如果想对这个“新物种”有一个全面的认识，单纯的产品概念和传统的产业链维度、市场营销维度分析就显得有点不够全面了，因为这个新物种不仅是个杂食性“生物”，还是一个“跨界”生物，所以我们需要一个更高的维度来系统的讨论和观察，这里借用自然生态的理念，接下来尝试以智慧生活为靶向目标，从智能生态的全维度，用生态进化的动态观点，以集成落地的切入视角，重新审视智能家居这头“怪兽”！

观点：智能化是一种生活方式，凡是跟生活方式相关的，无论是用电的，还是空间设计的，还是整个施工过程，均包含在内！当然，上面这些还不是全部！甚至家庭行为动线都是做智能化方案时要考虑的！所以智能化应该是涵盖你生活的方方面面。

第 5 章　技术之通信方式

我们还是从问题开始，在从事智能化集成落地的过程中，经常会被客户问到问题之二，是有线系统还是无线系统？

下面从公平公正公开的角度，说说智能家居的这些通信技术。通信是系统交互的根本，是建立在看得见的各种线缆或看不见的电磁波这些物理载体上的，所以放在第一维度。在网络体系结构里，这属于 ISO 的 OSI 网络参考模型中的第一层“物理层”。

图 5-1 是 OSI 模型示意图，这是 ISO 针对网络通信的一个标准化的参考模型，这个图因为层次比较分明，比较容易理解，在几乎所有的计算机网络课程中都有借鉴，但在实际的应用中，不同的网络体系中略有变化和调整。

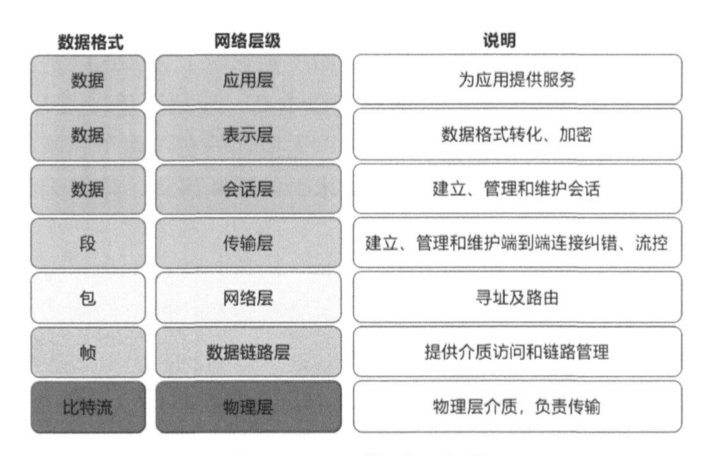

图 5-1　OSI 模型示意图

现在回头看看“用的是有线系统还是无线系统？”这个问题。如果直接回答“有线”或“无线”，你就失去了与客户深度沟通的机会。因为用户要的答案绝对不是“有线”或“无线”。这个问题是个复合性的问题，背后是有潜台词的：

（1）我想要一个稳定的产品，你们家产品稳定吗？

（2）我需要系统具可扩展性，我还没有决定是否 100% 智能化我的房子。

（3）系统可个性化定制程度，产品外观符合我家的设计风格吗？

（4）系统造价是不是跟我匹配，投入的成本是否值得？

（5）隐私安全性是否有问题，听说偷看我洗澡？

（6）售后是否方便可维护，坏了怎么办？我不能开着灯睡觉啊。

（7）辐射大不大？会不会影响身体安全？

这还不是全部，当然也不是每个用户都关注所有这些层面，下面针对这些问题，逐个剖析。

5.1 潜台词1：系统稳定性

我想要一个稳定的产品，你公司产品稳定吗？

为什么客户不直接问是否稳定，而是选择问是有线还是无线来证明系统的稳定性？这是拜有线/总线系统厂商、代理商、经销商在长期的市场活动中的宣传所赐，大家为了争客户，有线系统基本上就是靠“无线系统不稳定”这一招抢单，这也无可厚非。但如果当下还用有线或无线大概判断系统是否稳定，就有点不与时俱进了，放在10年前的历史阶段，确实还基本上可以作为一个外行参考的判断标准，但是现如今，中国的国际空间站都快建成了，你会看到从天上垂下一根电缆线吗？

无论是航天还是移动通信用的都是无线通信，因为在这两个领域，采用有线建这个网络的话不是太贵就是不可能，比如拉到卫星上去（这就是前面提到的无线系统反击有线系统的第一招，有线系统成本高，应用环境受限）。因为这两个领域都是要求高可靠性，高实时性的，所以无线通信在这两个领域的成功应用直接证明了无线并不是不稳定的同义词！技术上的不断进步，使得无线系统在稳定性上已经有了非常大的进步，从器件上来讲，稳定性基本都没什么差别，有线系统和无线系统基本上是站在同一起跑线上的。但是具体到不同厂家的有线系统和无线系统产品仍会有差异，这个差异不是由无线还是有线造成的，而是物理层之上的各层如链路层和网络层的协议造成的，也就是软件造成的。那这就好办了，软件有个好处，是可以允许不完美，这个不完美通过OTA（在线更新）来解决，如果发现问题可以打个补丁升级一下就重焕发活力，不仅越做越稳定，而且一定程度上也加速了产品的发布频率，不论有线还是无线，都可以很好地利用这个优势，所以，在软件层面大家的起跑线又是一样的。

即使硬件层面和软件层面对于有线和无线产品来讲都一样的起跑线，那何来差距？是什么原因？举个例子有助于理解这个问题，就如同一个班级同一个老师讲的同样的教材（起点和标准一样），但学生有的成绩好，有的成绩差，原因就是个体（厂商）的功力积累不同所致！所以，结论就是，不论有线还是无线，合格厂商出的产品都是稳定的。

5.1.1 大厨理论

同样一样食材，你给一个大厨和一个黑料理摊主，做出的味道是不同的，卖的价格也是不同的，但食材还是那种食材（对于电子类产品而言追根到底都是砂子和金属）。同样的，你把鲍鱼给一个饭都不会做的主，还不如大厨用简单的哪怕一个萝卜做的菜好吃。所以，菜的好坏主要看大厨，而食材只是锦上添花。

5.1.2　武林高手

武侠小说是青春期的必修课，所以大家应该都知道武侠世界里的武功高手一般练到极致即可摘叶飞花，更别提手中有剑了。所以根本上的战斗力主要看功力，而不是用的什么道具。而那些特别在乎弄把名剑名刀吓唬人的路人甲乙丙只是些小角色而已，对于产业推动可以忽略不计！所以，高手出品，必属精品。

一句话总结：有线还是无线，与稳定性无关。

5.2　潜台词 2：弹性可扩展

我需要系统具可扩展性，我还没有决定是否 100% 智能化我的房子。

说到这里，一般情况下做无线系统产品的厂商和代理商笑了，因为这是无线产品报复有线系统的第二发子弹，无线系统的拓扑一般是动态且灵活的，不受具体位置和线路的限制。所以，对于喜欢多变风格的家居业主非常适合，而且你也可以有选择的智能化，慢慢扩大智能化的比例和深度，允许变更，这往往对受价格的影响较大的业主更有好处，给他们一个更大的灵活度，不用因为当前手头紧张而被迫选择一低价的不靠谱产品，保证生活品质。总之，对于弹性这件事，传统的总线系统没有办法跟无线系统比，这是体系基因里天生注定的优势。

那是否鱼与熊掌可兼得呢？答案是肯定的，其实也一直是在融合中，后面详述。

一句话总结：弹性扩展无线有优势，但对产品的设计要求较高，否则容易引发稳定性问题。

5.3　潜台词 3：个性化定制

系统可个性化定制程度，产品外观符合我家的设计风格吗？

不是有啥我们就卖啥吗？那就不需要集成商了！

客户的需求是五花八门，多元的。尤其是刚富起来的首次买别墅的中产阶层，前几年中国移动有句话很好的形容了一部分人的心态“我的地盘我做主”，所以一切都得听我的。

另一个表述就是个性化定制。世界的美好就是百花齐放，所以个性化是件好事，我们要正确对待，设计师的主要工作就是在满足业主功能性需求的同时，兼顾业主个性化的审美、个性化的空间、个性化的习惯、个性化的信仰等方方面面。所以我们的原则是只要不违法，只要能想办法做到，就全力配合业主的个性化需求，共同为业主打造一个智慧之家。

因为有线/总线系统起步早，所以长期以来积累的产品款式和供应商都比较多，相对来说，设计师和业主可选择的产品颜色、样式等就多一些，就能比较好地满足业主的个性化需求。而无线系统因为时间关系，普遍家底不厚，可选择的东西少些，于是成了被有线系统攻击的一个“弱点”。不过好在这几年的发展非常迅速，这个“弱点”正在被迅速弥补，差异已经不是很大了。

一句话总结：不论有线还是无线，不论外观还是颜色，在适配家居风格和设计风格上都有丰富的产品够选用。

5.4 潜台词 4：系统性价比

系统造价是不是跟我匹配，装 X 的成本是否值得？

这里为什么不用价格贵或便宜这样的词汇？或再高档一点用“性价比”？

普遍来讲，有线的贵，无线的便宜，最起码，无线的省了多数的开槽布线及人工费用，这就是无线系统报复有线系统的第三发子弹。但这个区别也慢慢在变小。

一句话总结：这里的投入用字母 X，是因为真的是个变量，有人为了显气派，有人为了表孝心，有人为了表爱心…，反正，你挖的多深多近，单子就能做多大！

5.5 潜台词 5：隐私安全性

隐私安全性是否有问题，听说你们可以偷看我洗澡？

安全与物理层关系不大，因为在信息的传输的过程中，如果不系统考虑，任何一个接缝都可能泄露隐私，信息传输的路径上需要无线、有线电缆、光纤、甚至电力线等各种介质，因为就如同高速公路无法通到世界上的任何一个角落，有时需要划船，有的路途需要坐飞机是同一个道理。所以别执念物理层的形式，这不重要，与隐私安全其实并没有关系。

与物理层无关是不是就意味着跟上层协议有关？的确是，但让我们欣慰的是 IPV6 并没有学术界期盼的那样短期内推广落地，因为给每一粒砂子都分配一个 IP 地址是件政治安全上和隐私安全上都很危险的事儿。

有线无线同样不安全，如果你不注意安全的话；反之，如果你注重安全，有线无线均安全。

产品设计之初就有定位，什么定位的产品用在什么地方，如果用错了产品，也将是个大麻烦！

一句话总结：智能化带来的隐私关注更多在实施层面，与产品本身无太大关系！

5.6　潜台词 6：售后可维护

售后是否方便可维护，坏了怎么办？我不能开着灯睡觉啊。

既然谈到这里了，那肯定是有线系统与无线系统的售后模式有差别，可维护性也有不同，均是各有优缺点，售后是集成商服务的重点，各有各的做法和选择。

一句话总结：售后服务是智能化集成商的核心竞争力！

5.7　潜台词 7：辐射影响度

辐射大不大？会不会影响身体安全？

这是最让人哭笑不得，但又不得不认真对待和解释的问题，因为有太多人有辐射恐惧症了。要是告诉他们宇宙的真相，估计要引发动乱了。先简单说几个跟我们日常生活紧密相关的辐射圈，看完大家就不担心家庭智能化带来的辐射影响了。

5.7.1　卫星

目前太空中的 800 ～ 1000（左右）颗卫星。图 5-2 曾经让有些人颇为担心，但担心的不是辐射，而是地球轨道现在就这么拥挤了，以后自己的卫星往哪放？2013 年欧洲航天局（ESA 欧空局）统计，自 1957 年 10 月 4 日苏联发射世界上第一颗人造卫星以来，全球共发射人造卫星大约 6600 颗，其中 3600 颗依然在太空中，只有大约 1000 颗在有效运行，其余均已成为太空垃圾。这里想说的是每颗卫星上面都携带了多少个无线电的收发器呢？这些收发器可是无时无刻地向地面发射电磁辐射（电磁波），如果这影响身体，我们该如何生活？

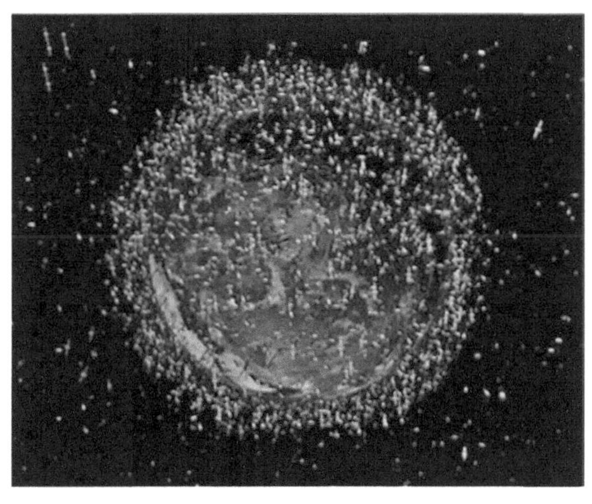

图 5-2　卫星

5.7.2 无线路由器

图 5-3 所示的是某时某人所在的其中一个位置搜索到的 WiFi 无线热点，大家应该知道，这都不算多，正常的居住和办公环境下，至少是这个数量的 3 倍以上。

图 5-3 WiFi 无线热点

5.7.3 移动通信

让我们生活倍感方便的移动通信实在是个伟大发明，没有移动通信，就没有智慧生活！没有移动通信，智能家居也就只能停留在家居自动化阶段，所以，我们要正确对待图 5-4 房顶上这些形状的东西，没有这些天线，是少了一点点微不足道的辐射，可是我们也就与世隔绝了。

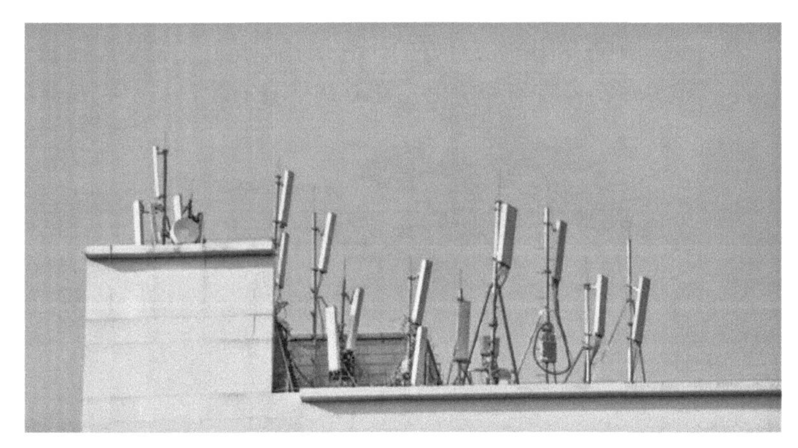

图 5-4　房顶上的天线

5.7.4　家中日常生活

家庭可能产生的辐射源，有电就有辐射，如果你家里在使用以下几样电器中的一种，那就完全不用担心因为智能化的部署而带来的辐射影响，因为相对于这些电器来讲，这些个辐射简直就是九牛一毛。

辐射大户：★★★★★

加湿器、电热毯、微波炉、脂肪运动机、吸尘器

辐射二梯队：★★★★☆

红外管电暖气、暖风机、电扇、CRT 电视（现在用的很少了）、家庭影院（影碟机加音响系统）、低声炮音箱（使用时至少保持半米距离）、电熨斗、电磁炉、电火锅、吹风机、电热足盆等。

注意，这列表里其实没有 WiFi 喔，也没有手机（这里只引用了纯物理的数据，没有考虑心理因素，这个世界是由物质和意识共同构成的，所以以上仅作参考，以个人接受度为最终评判）

最后，关于辐射，我们普通大众只需关心一件事：

只要不是看到图 5-5 所示的这个标记及其各种变形，你大可不用担心，普通家电按说明书要求使用即可，不用过分担心！

图 5-5　辐射标记

看到这里，相信很多人感觉真纠结，有线和无线各有优缺点，到底该如何选择是好？是否可以做到鱼和熊掌兼得？

图5-6所示的每一纵列里都有各不同的厂商在做产品，目前势力比较大的以KNX和Zigbee为代表，刚好一个代表传统工业时代的总线型产品，一个代表后来的无线产品，每一种通信方式都是好的，它们并不是互不兼容互不说话的，比如KNX标准，其实并没有对物理层限定在有线的介质上，虽然它是典型的总线型产品。

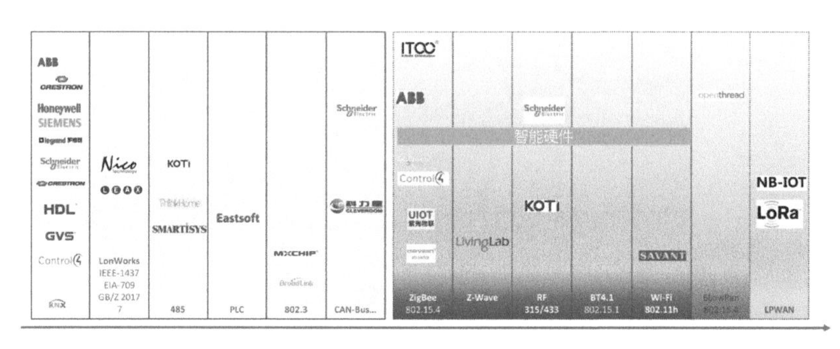

图5-6　不同厂商产品

在给消费者建议前，有个建议先给智能厂商，合适的就最好的，不要执念于物理层的形式，适合有线的场景应用，就用有线，比如摄像头视频监控；适合无线的场景应用，就用无线，比如门窗磁；其实也已经有很多厂商在这么做了。

因为不同用户的不同场景下的需求千差万别，而我们现在使用的诸多通信技术本身是有适用范围的，每种技术既然各有优势特点，也就各有自己的弱点，所以不论是有线，还是无线，不论是无线的哪种方式，都不是最终的解决之道，大家合作才是未来。“有线”和“无线”要联姻，地球的生态进化不也是从“无性”繁殖进入到“有性”繁殖后才真正实现了生态的多样化，带来地球生态的空前繁荣！所以“有线”系统要跟“无线”系统谈谈恋爱，还要组成家庭，即要聚得起来，也要散得开。

构建一个在通信协议层面兼容并蓄的系统（事实标准），或许是智能化厂商的未来？

给消费者的建议很简单，找靠谱的集成商！

第 6 章　产品之硬件生态

智慧生活市场巨大，且横跨多个行业，容得下所有有梦想的创业家及其特色产品和服务，所以，大可不必因为别人已经先行一步而着急，也大可不必相互“山寨”别人产品，只要有自己的理解和切入点，都可以此为原点，慢慢积累，积少成多形成自己的特色和优势，所以，不论大系统，小系统，单品，还是什么特色模式，都值得好好研究，随喜赞叹，开放合作才是正途！

既然谈的是生态论，前面分析完了通信角度的观点，接下来观察一下目前的智能化市场中的各种类型的硬件产品，通过硬件的观察，或多或少地可以看出其背后的理解以及切入角度。智能生态里的硬件产品圈，亦如同江湖，里面有各门各派，热闹非凡，大家自行对号入座。一个共同的特点，就是都“心比天高”。

同样的，还是要带着问题往下讨论，当下的传统智能生态圈还是要好好研究一下长尾理论（图 6-1），细节不展开，看看自己的产品是在左？还是在右？这往往与营销模式相关。

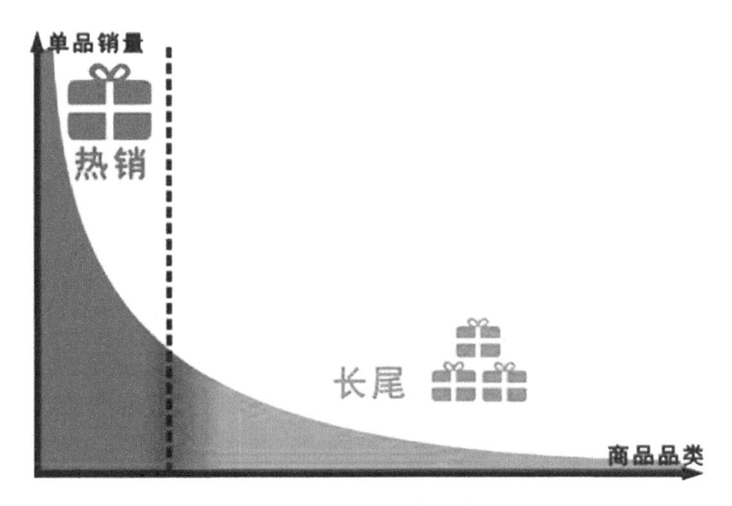

图 6-1　长尾理论示意图

当下智能硬件生态在硬件产品层面上，可做以下划分：

6.1　智能化之——自动化派系

源自传统工业，技术与产品成熟度相对较高，早期以总线和小无线为主，近几年以 Zigbee 为主，营销模式以区域代理和经销为主，算是目前智能化的主力军，这个派系里面以国外工业领域见长的公司为主，国内亦有跟随者，擅长楼宇与家庭智能化。

根据前面所述，家居自动化其实应该与通信技术无关，这也是传统意义上的智能家居的正根儿。由于入门的技术门槛太低了，只要你会写 C 代码，你都可以做个智能化公司（这是针对技术宅说的）。所以忽如一夜春风来，借着 IoT 的大势和 ICT 发展的基础支撑，很多朋友都做了智能家居公司，向经销商和客户提供全套的智能家居产品。但做起来才发现，因为客户需求的多样性，产品从最初的 3 件套到 5 件套，慢慢通过各种合作方式变成 10 件套；越变越多，发现仍然很难满足用户的需求；越做越累，于是开始抱团取暖。其中的一个专业子系统就找合作伙伴来相互支持集成，所以最早的集成商应该算是智能化系统厂家自己。

产品做多了，各种如生产、物料、运营、售后等成本急剧提升，这时只有两条路：一条路是融资，另一条路就是通过市场化的手段把产品销售出去。不管是卖给经营商还是最终的客户，快速回款才有生存的机会。同时也有少数企业是这么做的，从外围切入，依靠其他方向上的主业来养智能化，慢慢向智能化转型，这类企业一般走的相对比较稳定。

6.2 智能化之——家电派系生态圈

家电系厂商去做智能化的生意，100% 属于玩跨界。

这个事情最有代表性，也最有说服力的代表可能就是海尔了，海尔是国内家电厂商里应该是最早布局智能化的，从最初的完全自己研发自己做，经历了漫长的 10 多年岁月，期间的酸甜苦辣可能只有他们自己清楚，前不久在 AWE 上看到他们的东西和宣讲的理念，感觉海尔的这几年没有白吃苦受罪，还是想明白了很多事情的，比如，如今其 U+ 平台开始开放了。

纵然你是家电行业巨头，可是你换了一个生态环境，从某种程度来讲就是换了一个谋生的维度，就需要重新认识这个环境，否则会有误判的麻烦和教训，要不然海尔也不会用了 10 多年才明白开放的道理。

对于家电系厂商，“开放”意味着做智能化的态度是认真的，也是面向大众市场的唯一出路。自我封闭，就是自寻死路！

但是开放只是成功的一个必要条件，而不是充要条件，所以针对家电厂商做智能化系统而言，对智能化的认识深度，对自己的认识深度，对这两者的相对定位，将是成功与否的关键，钱和人从来不是问题！财大气粗不会必然成功！

6.3 智能化之——地产系生态圈

这两年，据说受大经济环境的影响，很多地产商开始琢磨怎么从不受人尊重的拆迁和搬砖的行业平台向上提升一下。地产是资本重投入行当，别看前几年的利润好像还可以，可是原来的房地产只是个一锤子买卖，好不容易费诸多心事把房子漂漂亮亮地建好了并卖完，除了售后的麻烦就没啥好事了。建的时候墙上可是挂着“百年大计”，好像不划算；只吃一口不划算，一口咬多了政府和老百姓都不同意。所以，在智能化厂商、ICT产业蓬勃发展的启发下，地产行业好似看到了机会和未来。同时，加之房地产在经过多年不加节制的肆意挥霍和透支后，近年价格的“坚挺”已经有点有心无力了。于是地产商就把目光望向了未来，在现实和未来的双重作用下，“智能化”被地产商当作那个“蓝色的小药丸”迅速植入到精装房中去，以期提高房价。但这注定只代表了地产商的利益，而非购房业主的个性化真实需求，所以注定在当下也只是短暂性的欢娱，想法不健康，找的药方也不对，结局没啥悬念。

其实地产商都是聪明人，药对不对，一入口就已经知道了，只是点破而已，于是招标、压价、支付等环节上就都各出奇招。有些地产商，走得更快一点，把原来一锤子买卖加上服务后开始做运营商，终于向百年大计上靠了。而服务说起来又比较虚，加之移动互联网好像已经把家庭生活服务涵盖得差不多了，现在足不出户的过一辈子都不是啥挑战了，怎么办？

挂在智慧生活大旗下的智能小区，在政府和学术界的双重期许下，被眼光长远的地产商纳入思维地图，于是各种收购和高峰论坛开始了。勇于尝试，也是好事一桩，是否有效，主要看人，而非行业。但需要注意屁股和知识结构决定脑袋的问题，这是容易被忽视的客观规律！繁荣的生态背后其实只有几个简单的规律在运作，看明白了，也就见怪不怪了。

这个小生态圈有很多值得探讨的话题，地产只是个代言人，这里用“地产商”这个名字打包了地产产业链的各个环节和角色。

对于地产系厂商，可玩的花样更多，能做的贡献也更大，远不是收购几个智能化厂商那么简单。在智能化的生态环境里，再强大的个体，也是个小角色！本着以开放、合作、共赢，要从心底里愿意让合作伙伴赚到钱，才是一个有前景的、健康的、成长的市场！

6.4 智能化之——智能单品生态圈

智能单品因为移动互联网基因的注入，而百花齐放且显得活力实足，但是再五颜六色的花园也不能跟一片金黄的稻田相比，因为色彩单一的稻田能解决肚子的温饱问题，可以救命；而花园里能救命的东西不多。所以如果有一片稻田在手，哪怕不是收成很好，千万不要一时冲动改成五颜六色的花园。

原来智能单品这个圈曾经得益于DIY精神（近年叫创客，厉害点的叫极客，黑客跟他们不是一个物种）和众筹。

重要的是众筹！

众筹为啥如此重要？

先做个注解，如果你不知道Kickstarter或indiegogo，那你理解的众筹和这里要说的众筹就不是一个概念。源自美国的众筹被国人“汉化”又后，好的成了预售平台，当然这也还不错；而还有一部分“不好”的，成了骗人的概念工具，这里就不谈了。

众筹为智能单品的繁盛提供了非常好的一种融资和市场验证支持！

众筹能让你的产品在概念阶段即可获取来自爱好者甚至投资者的前期无偿的有限资金支持，帮你完成你的概念产品。智能单品因为创意聚焦，产品大都简单有创意，生产制造相对容易，可以在最短的时间内验证想法，商业模式甚至收获第一桶金，比如卖了32亿美金的NEST。如果你喜欢新奇酷的电子产品，常泡泡上面这两个众筹网站能有不少收获。

但在单品生态，有一个小生态与众不同，那就是小米生态圈。其一贯的“爆品”战略就是一种设计更加完善、考虑更加完整的单品模式，因为这些单品不仅美观便宜，一旦品类丰富起来，可以组合起来变成一个“擎天柱”。但是，智能化不是消费类电子，小米也只是“且行且珍惜”，运动中找方法，找出路。

或许有人说小米的这种模式很像苹果，其实如果你仔细观察，他们还真不是一回事，小米生态链以投资和整合企业为主，更准确地说算是个资本层面的共同体，但是苹果运营的是一个真正的软件生态圈，苹果在增值服务、第三方产品、软硬件平台等几个层面控制得非常清晰。

但智能单品这个圈值得关注，很多好的产品和商业模式都是从这个圈里，被人无意中玩出来的。

最后一点心得，就是如果你是从单品思路为切入点，那一定要想好自己的路，或单点突破，后面跟着降龙十八掌；或抱大腿，后面跟着大款。不论后面跟着谁，在走的过程中要创造新机会，并且抵住大而全的诱惑，快速到达自己的战略目标，否则危险！

6.5 智能化之——智能小系统生态圈

小而美是不是可以存续？答案是肯定的！

小系统或叫专业系统，种类很多，比如：

以做安防为主的系统，有的还是我现在安防模块的合作伙伴；

以做监控为主的系统，大华海康还成了非常大的企业；

以做灯光为主的系统，可能大家也能随口叫几个名字；

以做音乐为主的系统，江浙一带特别多；

以做影音为主的系统，这一类厂商少，主要是跟智能化厂商合作；

以做机电设备为主的，这一类也相对少，因为大家都是专业出身，对“专业”二字存有应有的“敬畏”，不敢随便乱来。

这些厂商大都因为专注，所以专业，反而在自己的行业里多为翘楚，在行业中站稳脚跟后再横向扩展，也不失为一种可靠的好方法，值得借鉴！有成功的企业，也有还在通往成功路上的众多奋斗中的企业。

这个圈子因为产品形态不大不小，不上不下，不高不低，是个中间态，中间态是不稳定状态，将来的出路要么向大系统走，逐渐偏向工程；要么往个人消费领域走。但这两个领域的生态规则是不一样的，对应到的产品形态和设计要点也是不一样的，想清楚了不难，难的是对准目标做下去。在这个过程当中，还有太多的不确定因素，人生无常，做企业也一样，唯一的出路就是“打不死的心态活到老”！

6.6　智能化之——智能大系统生态圈

孟子有句名言，“穷则独善其身，达则兼善天下”。“天下”二字太诱人，所以，国内国外大凡叫得上名字的智能化厂商，都在为大而全努力。大而全的智能系统厂商也不少，但大都过得也不是很顺心，原因很多，主要是投入大，市场还在前期，没精力下功夫在产品上。可想而知，越做越累，能坚持住的，是让人既敬又恨的勇士，而也有的已经成为烈士，值得深思！

“天下熙熙皆为利来，天下攘攘皆为利往”。多种点实在的培土施肥的因，将来一定会收获遍地开花的果。真正搞清楚，客户、用户和渠道的价值与关系，为别人着想，否则也很容易成为烈士。

突然想起来一句在网上流传很广：文化跟学历无关。一个没有文化的人，应该也没啥朋友，或许对于企业亦然，一个没有文化的企业也走不远，所以，共勉！

6.7　智能化之——智能化生态链生态圈

这将是生态巨头的游戏，这个游戏目前有两种玩法：一种是在产业生态上“自下往上”，这类企业必须是巨头投入巨资来玩，否则玩不了，如华为，Google。

另一种是“自上而下”的，如Apple，如小米，也需要投入巨资来玩。其他的都离生态构建还有点远，不管嘴上如何说，最起码做事的架势不像！

最后，以借用《金刚经》的名句结尾：一切有为法，如梦幻泡影，如露亦如电，应作如是观！

第 7 章　技术之软件生态

智能化的技术和产品发展了几十年，但这个产业似乎并未得到长足的发展，技术都是成熟的，产品也越做越漂亮，但市场不论如何炒，依然不温不火，如何破解？

从商业的角度，可以很肯定地说有人赚钱了，也有很多人没有赚到钱，但这并不妨碍深度剖析。不论是当下赚到钱的，还是当下没有赚到钱的，其中都有价值存在，因为家居智能化是一个覆盖面很广、周期很长的定制工程，虽然已经炒得热火朝天，但对于这个行业来讲，还处于早期的摸索阶段，各个环节上都还有机会。

其中，软件是智能家居在发展过程中起决定性影响的环节因素之一！

7.1　软件产业的发展

7.1.1　三个小故事

软件产业是新兴的高技术产业，涵盖面也比较大，这里仅仅是从系统软件的发展演化过程中，来推演智能家居产业的生态方向和思考未来的战略重点。

先来讲三个小故事，历史上的某一天，这三个名人说过这么三个意思:

（1）1943 年，IBM 董事长 Thomas・J・Watson（托马斯・沃森）胸有成竹地告诉人们:“我想，5 台主机足以满足整个世界市场。”

（2）1981 年，Microsoft 创始人 Bill Gates（比尔・盖茨）预测“个人用户的计算机内存只需 640K 足矣”，所以当年的 DOS 只有 640KB 的内存供用户使用。

（3）2006 年 SUN CTO Greg 认为未来全世界只有 5 台计算机。有人延伸为这 5 台计算机分别是 Google 一台，IBM 一台，Yahoo 一台，Amazon 一台，微软一台。

短短几十年时间，软件的发展在越来越快的速度和越来越便宜内存的支持下，有了天翻地覆地进展。

7.1.2　软件发展的几点认识

（1）因为 IBM 对大型机的研究积累（技术为父）和对市场的判断（市场为母）而孕育了 IBM-PC/XT AT 标准，幸运的是 IBM 开放了这个标准，因此，形成了利益众生的 IBM-PC 兼容机市场。

关键词:【开放】

当然后面还有更为彻底的开放，叫开源，有各种方法；在当时，技术垄断至上的时代，不论是出自何种考虑，开放是进步的强力武器。

开放是改造环境（产业）生态的捷径！

（2）因为IBM-PC兼容机迅速扩大民用应用市场，因此，一个更好用的操作平台就是老百姓们需要的。微软抓住这个机会，推出DOS，这一步是把专业级的高科技设备降维到准专业级（专业度“降维”）。但仍然不是普通大众用得了的东西，毕竟让一个在键盘上都找不全字母的人去通过命令操作机器，可不是大家现在嘴上常说的“玩电脑”，而是“电脑玩人”，是种折磨。直到后来Windows的出现，这一类的图形界面的操作平台的出现，通过鼠标指指点点即可操作机器的快感，瞬间传遍地球，并由此机缘造就了Win-tel联盟的快速成长，自此，人类进入计算机的普及时代，真正的软件时代来临。

关键词:【降维】

正是因为操作系统在动态运行时的承上启下，为人机交互提供了便利支持；在静态设计态的汇集资源，营造了开发生态，从技术和应用交互两个生态维度相互影响，相互推进。操作系统正在变得越来越透明，越来越模糊，也越来越重要，重要到大众根本看不到它，但又离不开它的存在。操作系统充当了降维的工具。

我们当下生活中越来越离不开的BAT，最初也只不过 是DOS系统中的一个批处理文件后缀而已，这两年火热的TMD（头条、美团、滴滴）更是庞大的生态系统之上的那几枝花朵而已，都离不开根植于各类硬件大地的操作系统支撑。这些花朵开得五颜六色的很重要原因在于普通大众的使用体验非常简单方便，这一切都依赖于操作系统软件平台提供的支撑，所以，操作系统就是生态系统。从这个角度上来理解，才有机会构建生态环境，这也是当下无论国内还是国外，都在投入巨大的人力物力来做的事情。

（3）因为有了Windows，Linux等这一类方便易用的PC操作系统软件作为一个链接平民和技术的媒介平台，才能快速推进计算机的民用普及（盗版和易用的GUI图形界面的价值在推动计算机的民用化发展过程中的价值一样大，因为盗版是另一个侧面：价格 / 使用成本的“降维”）。

（4）智能手机时代，开源与免费软件从最初的一小群技术发烧人群，慢慢成长为现在的庞大生态，这其中最成功的恐怕是当前智能手机操作系统领域中占半壁江山的Android，如果不是靠开源加免费的思路，Google即使再有钱，也很难将一个操作系统平台在短短几年内，迅速抢占当时包含微软、三星、诺基亚等各大巨头的操作系统平台。

正是因为有了操作系统的支撑，所以才有了应用软件百花齐放的过程中，软件逐渐由文青气质（个人特色的编程特色）向高效化、专业化和批量制造生产的工程化思路演进，由此而引出软件工程的理念应运而出。要不然也就没有了 Sun Java 那句革命性的口号（被 Oracle 于 2009 年收购），“一次编写，到处运行”，解决的就是软件工程化的问题 。依托于操作系统基础软件系统的应用软件生态蓬勃发展！

当然具备“一次编写，到处运行”能力的语言很多，某种程度上 HTML 也应该算，一些主流的脚本语言也应该算，但如果将这一软件工程化思想下沉到操作系统软件平台，作为操作系统属性的软件平台，目前只有两个，一个叫 Windows 10，一个是 Elastos！

以上由几个小故事引出的讨论其实就说明了一个问题，PC 产业发展根本上是软件产业的发展，尤其进入了互联网时代以后的发展过程，硬件在很长一段时间内并未有突破性发展，但是以软件为代表的互联网应用迅速造成包括 Google 系、Facebook、Amazon、百度、阿里、腾讯、滴滴等互联网服务公司。当然其中的几个关键词，放到当下的智能家居产业发展阶段，似乎也能有所借鉴。

7.2　软件承载思想

7.2.1　软件是新经济的发动机

PC 主要还是用于“计算”，在“计算”这条线上演进的同时，“通信技术”也同步依托“计算”技术，从模拟时代跨入数字时代，然后两者相互加持一路狂飙。至此，“计算”和“通信”已经相互融合为一个新物种 ICT（Information Communications Technology）。再后来，在“互联网 +”的持续深化阶段，又遇到了传感器、大数据、AI 技术，移动互联网应用的爆发顺理成章了，于是又迈向了移动互联网和物联网时代，真正的智能家居时代开启。在此之前，最多只能算是家居自动化。

软件与硬件是相互支撑、相互成就的，也相互消耗的。所以有个笑话叫 Microsoft * Intel = e，Intel 的 CPU 每隔一段时间就会推出新品，速度提升几倍，同时微软的操作系统也同步升级，系统复杂几倍，最终带给用户的系统速度体验没变。

现如今，或许这个笑话可以改写成: OS * CPU ＝ e 了。这个状态持续好多年了。

但是，速度或许变化的不明显，新的操作系统和软件对新的业务和经济模式的承载却提升了，所以需要更快的硬件。

以上逻辑或许不严谨，但是硬件是为软件服务的，软件是为业务和经济服务的，所以表达的核心意思就是“软件才是新经济的发动机”。硬件只是个“皮囊”而已。软件中最重要的一层基础，就是操作系统平台！通用计算技术体系中的基础灵魂！而通信，只是操作系统所驱动的必备的能力之一。

7.2.2 软件思想支撑硬件

那么这么多年为我们生活带来翻天覆地变化的是啥？只是不断提升的硬件速度吗？

如前所述，答案是软件！或者说是操作系统（OS）

数字化时代，软件承载思想，定义一切！数字化世界里只由两个简单的0和1构成！

我们的生活已经离不开移动互联网，衣（Taobao、JD等）、食（点评、不用等等）、住（Ctrip，Airbnb等）、行（某滴及共享单车等）及各色游戏娱乐等已经深度融合到我们的生活习惯里，而这些颠覆我们生活方式的应用本身，都是通过操作系统平台，跑在CPU上来实现的。

人类通过技术手段，依托当前的时空，创造了一个新的时空维度——虚拟的数字世界。人类进化的方向，自从从树上下来，就一直往各个方向尝试，但几千年来一直受对物质的控制能力所限，困在“饱暖”的生理层面和“淫欲”的精神层面而不能突破。现如今，利用智慧创造的技术，意外地打开了通往另一个世界（数字时空）的大门，并越来越深度探索数字生活空间层面，现实与虚幻开始融合，没有牛顿的数字世界里，一切生态规则将重构，包括社会关系，伦理道理，法律制度等等。所以IT产业本质上来讲，是为数字时空里的服务这一第四产业提供支撑的平台 。

或许真正找到了我们的灵魂升级的捷径，现实与虚幻的边界就是数字化，数字世界就是现实的“对境”。未来就是现实与虚幻的完美融合体。

现实的微观层面已经有能力修改我们“皮囊”的基因，虚幻的精神层面就是类AI“算法”。想想看，打印一个“自己”的身体，下载一个你的精神副本，你特定版本的2.0诞生了。因为“人”这套协议，如前所述，有多个Profile，数字世界里，可以有多个Profile的你在同步合作或并行处理事情…

简单点说，每一个硬件的背后，都存在一个代表软件思想的OS软件在支撑！

当虚无不可见的软件，落在咯吱咯吱而且极其脆弱的软盘上，那些黑色的五寸盘或五颜六色的三寸盘又慢又容量小且极易损坏，现在看来简直就是“农业社会”，对生产效率的提升并不是特别大，因为软件写不大（别忘了比尔的640kB），这就是20世纪90年代的单机版的DOS时代。

后来软件落在了大容量的硬盘上，容量、可靠性和速度都有了很大的提升，这时的软件可以写得很复杂，如同蒸汽工业社会，社会生产效率急剧提升，这时的操作系统对应大家耳熟能详的1993～1994年的Windows（只是类比，硬盘的出现比Windows早多了，下同）。

再后来，使用亮闪闪的光盘，这些东西容量又大，又不怕振动，可靠性也不错，如同电气工业社会，生活更加丰富多彩尤其以多媒体技术和网络技术带来的个人娱乐快速发展，这个时候的操作系统大概可以对应到 Windows7，增强了基于多媒体和网络的娱乐以及安全支撑。而如今，巨大的网络在高速接入链路的协助下，已经变成了一个容量无限、速度无限（一直在提升）、安全、永不出错、随时随地的存储空间，此时代表性的操作系统可以是 Windows10，而 Windows10 里一个很重要的技术和理念是 Universal App，Google 等各大系统平台厂商均已经意识到跨平台的重要性。

但是跨平台是从技术的角度看过去提出来的需求，如果从应用和服务生态的角度看，此时需要的，或许就不是单一的操作系统，而是一套适用于不同设备、场景、服务的一个大 OS，一个支撑社会化生活的统一操作系统群，社会就是个 OS。所以，才有了苹果的以 iOS、MacOS、tvOS、watchOS 面向不同类型设备的小 OS 构成的垂直封闭的生态系统 iCloud。因而 iCloud 更准确的说法是一个利用各种智能化设备作为其组件，高速互联网作为其总线，海量的云端存储作为其硬盘的一个支撑多元化服务为目的的生态 OS。国内通信和互联网巨头们也各有自己的战略，如华为的垂直生态思维战略，这个战略是一个大 OS，其中套着若干的小 OS；再如阿里，也在构建大的生态级 OS，但侧重点不一样，虽是起点不同，但异曲同工。

当下处于转型中的信息社会，正在拉开 IoT 的序幕，将持续被导演出各色戏码，导演就是你我他。如今软件正逐渐隐身于虚幻的网络世界，即可以有无数分身，又可以同时存在于多个地方，处理能力无限，不知疲倦。

7.3　软件与智能生活

7.3.1　智能生活中的操作系统

下面插播一个智慧生活的场景，通过这个场景，做一个简单的分析：

天寒地冻的冬日傍晚，我走出办公室的那一刻，一条消息推送到手机屏幕，“确认回家”后，家中的空调和空气净化系统开始启动，按照我喜欢的温度和湿度“定制”我回家的环境。

这个简单的情境描述背后，发生了什么？

（1）我的智能手机根据我的位置和时间，结合历史数据，以及我的日程安排数据，判断今天我离开办公室后回家的可能性高达 90%，向我确认；

（2）当我按下确认的一刻，我的智能手机在其 OS【OS1】的支撑下，将消息发送给智慧家居的云端后台，云端服务也是跑在一个对应的 OS【OS2】上的，云端服务在确认消息合法正确后，及时通知了我家里的智能主机【OS3】，然后智能主机分析命令后分别通知了空调控制器【OS4】和新风控制器【OS5】以及加湿器【OS6】……

（3）我家里的智能家居系统在运行过程中，会动态、实时地监控环境，根据环境自行做出调整，并将数据和状态向云端报告，以便我在路上能及时了解到家里已经温暖如春了……

以上只是当下简单生活的一个小片段，但是已经需要涉及众多的技术、产品甚至服务来共同服务，已经不是一个单一的产品、功能、技术所能解决的了。所以当来自需要整合不同厂商的设备、为天南海北不同地域的用户提供五花八门的服务，是一个非常大的挑战。

我们看到的这些各色设备，一般习惯上叫做嵌入式设备，这些设备上需要一个 OS 来管理硬件驱动（各色 IO 设备），提供网络和通信能力为上层服务的软件提供支撑，这个层面的 OS 们（复数，有数以几十计的嵌入式 OS）解决了不同厂商的设备们的如下问题：

（1）能力千差万别的硬件设备。

（2）这些设备互联互通。

（3）互联互通的安全性。

（4）设备使用的便捷性。

能否自定义？同样的房子，同样的硬件设施，不同人进去提供的体验是不是个性化？

但是天南海北的用户需要的不仅仅是这些微观的技术支撑，而是系统和产品的以下特性：

（1）可靠性。

（2）安全性。

（3）方便性。

（4）免操作。

（5）灵活定制。

以及如何获得五花八门的服务：

（1）服务就是商品，需要解决实物商品的所有问题之外，还需要解决数字服务的灵活个性化生产的问题。

（2）服务的发布与发现。

（3）服务的交易支撑。

7.3.2 智能软件的作用

在软件技术和思想的推动下，在制造工艺不断提升的基础上，把原本只是在机械自动化阶段的家居生活状态，植入互联网基因，加装上“眼耳鼻舌”等感知器件后，带入到智能化阶段。

人作为目前生物界里智慧的最高形态，具有眼、耳、鼻、舌、身、意六根，而智能化的家居要想服务人的生活，需对此六根应对，除“眼、耳、鼻、舌”之外，还缺“身”和“意”，这两根或许就是“家用机器人”和AI。而这一切的一切，都需软件推动，所以，软件占据智能化生态棋局的“天元”之位。尤其在算法固件化的趋势下，硬件即软件！

铺垫了这么多，为什么说智能化的未来受限在软件（OS）？反过来重新看一看当前影响智能化发展的一些问题：

（1）智能主机不智能，最多算个网关，目前大都做不到自学习、自适应、自组织（Zigbee的自组网不算），只能执行预设的固化的自动化逻辑，少数通过与环境传感器的配合，已经实现了基于简单环境变量（如温度、温度、PM2.5）的自动化执行，但离智能化还有距离，再往下走涉及的可能不仅仅是技术，还有隐私甚至伦理和法律层面的内容要处理，还是技术先行吧。

（2）智能配件不智能，组网、调试、检修与维护普遍比较麻烦，且功能执行逻辑不灵活，甚至死板，功能和能力均无法个性化定制。

（3）同一厂家产品尚且做不到服务自发现、能力自发现，就无法及时提供准确高效的服务。

（4）互联互通，这事厂商痛苦，集成商痛苦，用户更痛苦。俗话说，通则不痛，痛则不通，这个问题不疏通，智能化产业就不会进入深化阶段。

（5）功能标准化，服务自动化，这是一个更大的问题。

软件基于硬件，承载思想！为智慧生活服务的软件如果不智能，何谈智能？

智能家居的目的是智慧生活，所谓智慧生活就是“心想事成”的服务，所以我们做的一切硬件、通信、软件，最终目的是为用户提供灵活个性化的服务。在智能家居的领域，脱离了服务的承载基础来谈智能化，不是没整明白，就属于别有用心！

谁在默默地做系统，谁在铺垫智能生态，谁才有机会！

顺应自然方成道，对境无心莫问禅！

我们为什么需要操作系统？

操作系统就是最早的人机界面（机器与程序员），随着应用人群的变化和应用场景的变化，操作系统也越来越分散化、专业化，尤其是以智能手机为代表的移动通信领域和以智能家居为代表的物联网领域的到来，把操作系统从原来神一样的存在逐渐拉到寻常百姓家，据统计，目前国内做操作系统的厂商应该不下百家。从大型机到PC，再到手机，再到物联网、机器人等各个细分领域，操作系统同时也不仅仅是个人机界面，它还是个业务支撑平台，还是个生态运营平台。从事基础设施构建的人多了，才说明生态真正改变了，看好这一块国产OS的未来发展机会，IoT给了我们在这个时代充足发展的空间和弯道超车的机会！

第 3 篇　智能家居系统论

第 8 章　智能家居系统的大系统架构

8.1　大系统理论概述

8.1.1　大系统定义及特点

什么是“大系统”？至今尚无精确严格的定义，在当前经常涉及的一些大系统主要有：现代化大型企业的多级计算机和管理控制系统；地区性或全国性的大电力网的调度管理和最优运行系统；国民经济的计划管理系统；大油田的开发与管理系统；大型工程、科研项目的组织与管理控制系统；大型钢铁、电力、化工、炼油、机械、纺织等企业的生产控制与经营管理系统；区域环境检测、保护与污染防治系统等。

一般地，所谓大系统，它具有以下特点：

1. 规模庞大

以电力系统为例，它可以分为发电、输电 、交电、配电、用电 5 个组成要素（或称分系统）。因此，一个大型电力系统要包括许多发电所、变电所，由纵横几千里的输电配电线路连接起来，向成千上万分布很广的地区用户供电，这是典型的大规模系统。

2. 结构复杂

大系统内部通常是多层次的，故其内部结构是非常复杂的。例如，国民经济系统是由工业、农业、建筑业、交通运输业、商业等产业部门组成的，而这些分系统又是由其他许多子系统组成的复杂系统。如工业系统包括采掘工业、电力工业、冶金工业、机械工业、化学工业、轻工业等行业。这些部门、行业相互依存，相互联系，使整个国民经济内部形成一个由多层次结构综合而成的错综复杂的结构体系。

3. 功能综合

大系统所具有的功能往往是多样性和综合性的，例如，在冶金、化工、石油等大型企业的管理控制系统中，具有工艺过程控制、资源综合利用、环境污染纺织、企业经营管理等多方面的综合功能。

4. 因素众多

大系统的影响因素特别多，不仅要受外部环境的众多干扰，而且其中内部的噪声也很多，在众多的影响因素中既有物的因素，又有人的因素；既要受经济的影响，又要受到社会、文化等因素的影响。这就使经济管理大系统常带有较大的随机性。

8.1.2　大系统的控制方式

大系统的控制方式主要有以下三种：

1. 集中控制方式

集中控制方式如图 8-1 所示，其特点是由一个集中控制机构（常称为集中控制器）对整个控制系统进行控制。

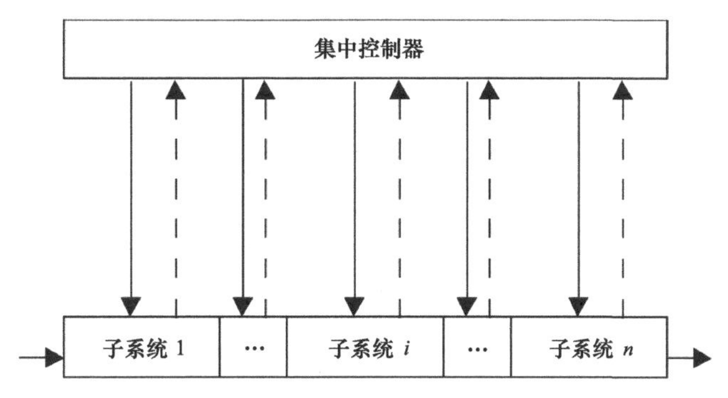

图 8-1　集中控制方式

在这种控制方式中，把各个子系统的信息、系统的各种外部影响，都集中传送到集中控制器进行统一加工处理。在此基础上，集中控制器根据整个系统的状态和控制目标，直接发出控制指令，控制和操纵所有子系统的经济活动。这种方式实际上通过高度集中来解决经济系统的控制问题，完全的计划经济就是一种典型的例子。

集中控制方式的结构比较简单，指标控制统一，便于整体协调，当系统规模不很大且在信息处理的效率和可靠性很高时，能够进行有效及时的整体最优控制。但是，随着系统规模扩大及复杂化，这种方式会暴露不少弊病，主要是系统空间维数很高造成优化困难，信息传输费用高且造成处理失误、缺乏灵活性、适应性与可靠性等。

2. 分散控制方式

分散控制方式如图 8-2 所示，其特点是由若干分散的控制器来共同完成大系统的总目标。

这种控制方式将构成大系统的各个子系统，分别用独立的局部控制器来控制，每个控制器只观察系统局部的输出，并控制系统的局部输入，按照局部最优的原则对子系统进行控制，共同完成大系统所需要达到的目的，完全的市场调节就是此控制方式的典型例子。

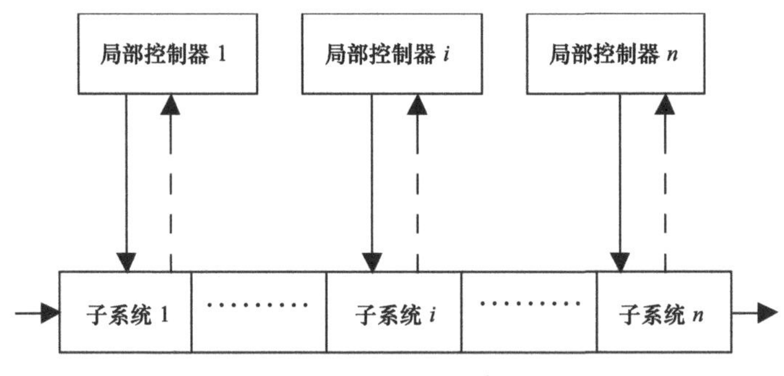

图 8-2　分散控制方式

分散控制方式不但有利于各子系统的优化，并且系统对于环境变化具有较高的适应性和灵活的应变能力；但其对各局部之间的协调比较困难，横向联系较差，往往由于过分强调局部目标，忽略与其他子系统的关联而损坏整体利益，因此不易实现总体优化。

3. 多级递阶控制方式

这种控制方式是在上述两种方式的基础上取长补短发展起来的，其特点是将整个大系统按照一定的方式分解为若干个子系统，既考虑各子系统之间的内在联系，又不作为一个集中系统来处理，而是协调各子系统的任务，使他们相互配合、相互制约，以实现整个系统的全局优化。以三级递阶结构为例，其结构方式如图 8-3 所示。

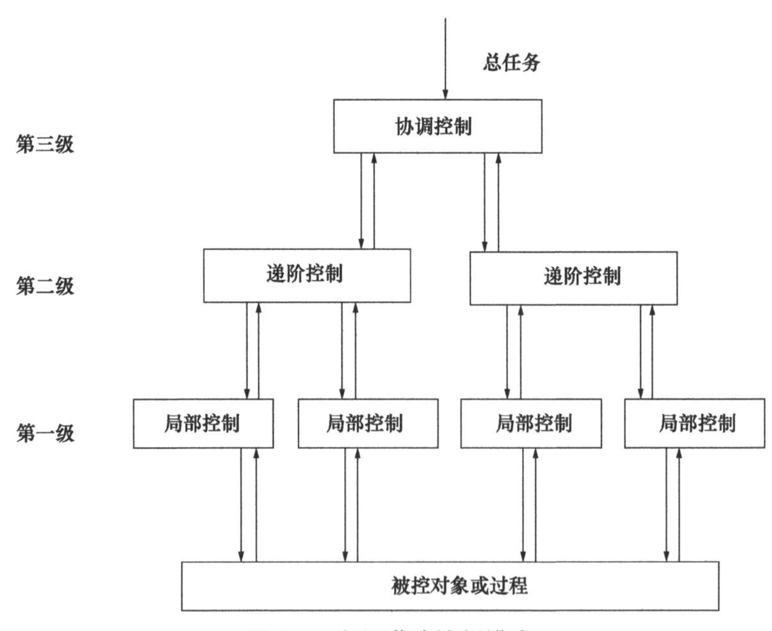

图 8-3　多级递阶控制模式

其中：第一级为局部控制级（最优决策级），它直接控制大系统各局部的小系统；第二级为递阶控制级（中间决策级），它对第一级各子系统进行协调控制；第三级为协调控制级（最高决策级），它对第二级进行协调控制，根据大系统的总目标，通过递阶结构，完成大系统管理与控制的总任务。

除此之外，还有多层控制方式、多段控制方式等，这里就不详细介绍了，以下重点讨论多级递阶控制。

8.1.3　多级递阶控制的内容及特征

8.1.3.1　多级递阶控制的主要内容

多级递阶控制方式的主要内容是大系统的分解与协调。

1. 大系统的分解

大系统分解的基本思想是在最优化的过程中，先将高阶大系统划分为若干个低阶子系统，然后用通常的最优化方法使各子系统最优化，大系统分解时，要解决两个问题：目标函数（性能指标）的分解以及模型关联的分解。实际上，常见的情形是大系统最优化的总目标是可以分离的，例如大系统的目标函数是各子系统的目标函数之和；而大系统的模型是相互关联的，例如大系统的状态变量之间总存在着相互影响。因此，大系统的分解主要是解决系统模型关联的分解问题，主要分解方法有非现实法与现实法。

2. 大系统的协调

作为大系统最优化的第二步，就是协调，即在分解后各子系统局部最优化的基础上，使总目标函数极小（大）化，以实现大系统的全局最优化，由此设计第二级协调控制器。在协调中，要解决的问题即是：根据什么原则，选取什么协调变量，对各子系统进行协调控制，由此决定协调器的结构方案。最基本的协调原则有：（1）关联平衡原则；（2）关联预估原则。这两种协调原则中，都是按协调偏差反馈闭环控制，只是所选取的协调变量不同而已。

8.1.3.2　多级递阶控制的基本特征

1. 结构上的特征

递阶由安排在一个金字塔形结构里所有决策单元组成，各级决策单元都具有一定的决策能力，从而形成一个多级决策结构。

2. 目标上的特征

多级递阶控制系统有一个整体目标，而与各级控制相应又有各级目标；各子系统的局部目标与系统的整体目标最终将取得协调。

3. 信息上的特征

递阶结构中相邻级上的决策单元之间有信息的垂直往返传送，但自上而下的决策信息具有优先权。另外，在同一级中也可能存在各子系统间的信息交往。

4. 时间上的特征

在多级递阶控制系统中，级越低，时间尺度越短（如以小时、日、旬或月计）；级越高，时间尺度越长（如以月、季度或年度计）。

8.2 智能家居系统的大系统分析

8.2.1 智能家居系统的大系统构成

智能家居系统也被称为智能家庭局域网，其利用各种网络通信平台，采用集中式或分散式的控制方法将家中各类电器和门窗等实现智能控制，可以被认为是一个复杂大系统。进一步在提出智能家居系统及相关产业体系的概念、基本组成及结构体系的基础上，运用大系统控制论进行分析，可将智能家居系统分为六个子系统（安防系统 S_1、运维系统 S_2、健康系统 S_3、环境系统 S_4、娱乐系统 S_5、家电系统 S_6 等），详见表 8-1 所列目录。

智能家居大系统所含六个子系统的要素分级目录表　　表 8-1

子系统一级目录	子系统二级目录	子系统三级目录
安防系统 S_1	视频监控	IP 摄像机 / 录像存储
	对讲 & 门禁	智能门锁 / 对讲分机 / 可视门铃
	火灾报警	感烟火灾探测 / 可燃气体探测
		火灾报警控制 / 火灾声警报
	入侵报警	移动探测 / 门磁窗磁
		紧急求助装置 / 周界电子围栏
运维系统 S_2	用电监控	电路运行状态监控 / 设备用电统计
	用水监控	水管运行状态监控 / 各出水口用水统计
		单次放水量控制
	网络监控	网络运行状态监控 / 终端设备带宽使用统计
健康系统 S_3	室内空气质量监测	温度 / 湿度 / 二氧化碳浓度
		甲醛浓度 / 粉尘颗粒浓度
	自我健康管理	自主检测及预警 / 个性化医疗分析
	室内水质监测	矿化度（TDS）/ 水质硬度
环境系统 S_4	照明系统	自然照明控制 / 人工照明控制
	空气系统	室内温度控制 / 室内湿度控制
		室内通风控制 / 室内净化系统

续表

子系统一级目录	子系统二级目录	子系统三级目录
娱乐系统 S_5	体验设备	家庭影院系统 / 桌面电脑
		数码移动终端 / 游戏设备
	播放文件	视频文件 / 声频文件 / 图片文件
	数据存储	互联网数据 / 家庭网络储存 NAS
	数据传输方式	有线 / 无线
家电系统 S_6	远程控制	开关状态 / 定时控制
	信息采集	使用温度 / 使用时段 / 节目类型
		食物种类 / 数量 / 食物保质期
	状态警示	工作完成提醒 / 温度提醒 / 溢出提醒

8.2.2　智能家居系统的大系统特征

由上所述，智能家居系统中的各子系统、各子系统之间的相互关系及影响智能家居发展的外部环境构成了一个复杂的社会经济大系统。这个系统除了具有一般系统的共性（即整体性、层次性、集合性、相关性、目的性）以外，还有着自身独有的特点，主要表现如下：

（1）相对独立性。智能家居系统的相对独立性主要体现在该系统与其处于相同时空维度上的其他社会系统之间可能存在超前或滞后现象。

（2）地区差异性。由于地区区位要素中存在各不相同的环境要素，再加上不同区域在高新技术、战略新兴产业及智能家居发展环境上举措的多样性，导致智能家居系统的地区区位特征较突出，地区差异性较大。因此。各地区发展智能家居的战略也应当是因地制宜的。

（3）动态变化性。智能家居系统的动态性主要由于系统中要素的增减（比如某项政策法规的出台等）、系统要素自身的改变（如智能家电子系统的发展方式转变等）及系统要素关系的变化（如大众消费习惯变化使智能家电子系统业务量增长和运维子系统滞后之间的矛盾凸显等）。

（4）自我适应性。智能家居系统的发展动力除了来自外部环境，内部的各子系统内在需求也对发展起到了至关重要的作用。从本质考察，智能家居系统中的各子系统之间为自身更好发展，对其他子系统也存在依赖和约束条件。

8.2.3　智能家居系统的大系统递阶结构

根据智能家居大系统协调控制总体目标要求，按照大系统的多级递阶结构思想，对于智能家居大系统可以考虑设计并建立其协调控制的多级递阶结构，如图 8-4 所示。

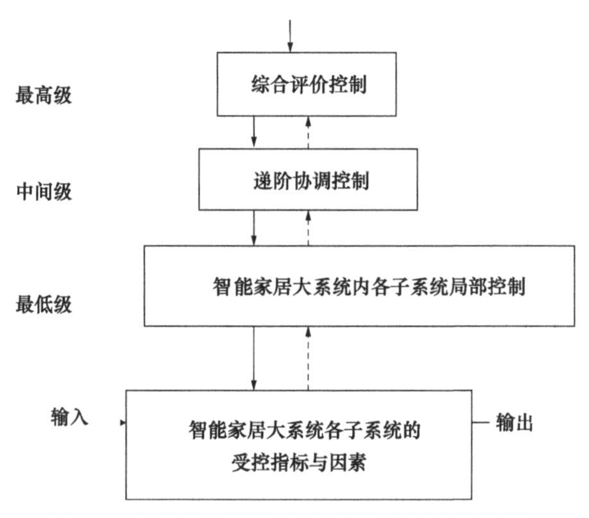

图 8-4　智能家居系统多级递阶控制结构框架

其中，最低级为智能家居大系统中各子系统的局部控制级，主要功能是为智能家居大系统中各子系统进行局部控制，直接控制子系统的各种受控指标与因素（即为各子系统所含的指标）；中间级为智能家居大系统的递阶协调控制级，运用协调预测模型与协调控制模型，分析协调各子系统之间的联系，通过最优化手段，既对各子系统协调控制，又为最高级提供智能家居协调控制的综合数据信息与最优策略方案；最高级为智能家居协调控制评价调控级，这是一类宏观调控级模型，主要功能是为智能家居大系统进行综合评价控制，通过递阶结构和协调控制指数模型，建立相应的综合评价指标与实施方案，以实现智能家居协调控制的总目标。

在智能家居协同创新发展的大系统实现过程中，上述大系统递阶结构的三个递阶控制级应该融为一体。从上到下：先根据某区域经济发展规划的总体要求，做好顶层设计，制定出相应的智能家居产业发展规划，并在行业专家的指导下设计出配套的协同创新指标体系，通过建立适当的定量模型，分解到各子系统，再由各子系统分别实施，求得各项具体结果。反之，从下到上：各子系统在面向广大消费者客户的服务过程中，应及时将各种正反面信息（大数据）反馈到中间协调层（即大型企业集团综合管理部门或区域产业联盟），统筹处理解决各子系统相关联的若干重要问题（即为协调控制），并向最高层反映汇报，以确保智能家居协同创新发展的总目标圆满实现。

8.3 智能家居系统的协调控制模型

对于智能家居系统，由于受人的主观意识影响较大，再加上各种信息的不完备性或模糊性，采用大系统理论中已有的分解协调控制算法难度很大。为此，可从智能家居协调控制的实际出发，在建模时，先从每个子系统模型研究入手，进而得出其整体模型结构。

8.3.1 模型结构确定

设 $X_i(k)$，$U_i(k)$ 分别为第 k 时刻第 i 个子系统 n_i 维状态向量，m_i 维控制（输入）向量，$i=1, 2, \cdots, M$ 即：

$$X_i^{\mathrm{T}}(k)=(x_{i1}(k), x_{i2}(k), \cdots, x_{in_i}(k))$$

$$U_i^{\mathrm{T}}(k)=(u_{i1}(k), u_{i2}(k), \cdots, u_{im_i}(k))$$

于是，可确定第 i 个子系统（$i=1, 2, \cdots, M$）的状态方程结构如下：

$$X_i(k+1)=A_i(k)X_i(k)+B_i(k)U_i(k)+C_i(k)Z_i(k)+V_i(k) \quad i=1, 2, \cdots, M \tag{8.1}$$

其中：$Z_i(k)$ 为 P_i 维的关联向量，即：

$$Z_i(k)=\sum_{i}^{M}\{D_{ij}U_j(k)+G_{ij}X_j(k)\} \quad i=1, 2, \cdots, M \tag{8.2}$$

这里 D_{ij}、G_{ij} 为常数阵。而 $A_i(k)$，$B_i(k)$，$C_i(k)$ 为相应时段的时变系统矩阵，$V_i(k)$ 为 n_i 维的随机噪声。

若再设 $Y_i(k)$ 为第 k 时刻第 i 个子系统的 q_i 维输出向量，即：

$$Y_i^{\mathrm{T}}(k)=(y_{i1}(k), y_{i2}(k), \cdots, y_{iq_i}(k))$$

则相应的输出方程为：

$$Y_i(k)=F_i(k)X_i(k)+W_i(k) \quad i=1, 2, \cdots, M \tag{8.3}$$

其中 $F_i(k)$ 为时变参数矩阵，$W_i(k)$ 为随机噪声。

进一步，即可得出该大系统的整体模型结构为：

$$X(k+1)=A(k)X(k)+B(k)U(k)+C(k)Z(k)+V(k) \tag{8.4}$$

$$Y(k)=F(k)X(k)+W(k) \tag{8.5}$$

其中：$X^{\mathrm{T}}(k)=(X_1^{\mathrm{T}}(k), X_2^{\mathrm{T}}(k), \cdots, X_M^{\mathrm{T}}(k))$

$U^{\mathrm{T}}(k)=(U_1^{\mathrm{T}}(k), U_2^{\mathrm{T}}(k), \cdots, U_M^{\mathrm{T}}(k))$

$Y^{\mathrm{T}}(k)=(Y_1^{\mathrm{T}}(k), Y_2^{\mathrm{T}}(k), \cdots, Y_M^{\mathrm{T}}(k))$

分别为该大系统的 n 维状态向量，m 维控制（输入）向量，q 维输出向量；$(n=\sum_{i=1}^{M} n_i, m=\sum_{i=1}^{M} m_i, q=\sum_{i=1}^{M} q_i)$；$A(k)$，$B(k)$，$C(k)$，$F(k)$，分别为相应的时变系数矩阵，$V(k)$ 与 $W(k)$ 为随机噪声。

为讨论的方便，将式（8.2）代入式（8.1），可得：

$$X_i(k+1)=A_i(k)X_i(k)+B_i(k)U_i(k)+C_i(k)\left[\sum_{j=1}^{M}D_{ij}U_i(k)+D_{ij}X_j(k)\right]+V_i(k)$$

$$=A_i(k)X_i(k)+C_i(k)\cdot\sum_{j=1}^{M}D_{ij}X_j(k)+B_i(k)U_i(k)+C_i(k)\sum_{j=1}^{M}D_{ij}U_j(k)+V_i(k)$$

$$i=1,\ 2,\ \cdots,\ M \tag{8.6}$$

若置：

$$\psi^{\mathrm{T}}(k)=\{X_1^{\mathrm{T}}(k),\ X_2^{\mathrm{T}}(k),\ \cdots,\ X_M^{\mathrm{T}}(k),\ U_1^{\mathrm{T}}(k),\ U_2^{\mathrm{T}}(k),\ \cdots,\ U_M^{\mathrm{T}}(k)\}$$

$$\Theta_i(k)=\{C_i(k)G_{i1},\ C_i(k)G_{i2},\ \cdots,\ C_i(k)G_{ii}+A_i(k),\ \cdots,\ C_i(k)G_{iM},\ C_i(k)D_{i1},$$
$$C_i(k)D_{i2},\ \cdots,\ C_i(k)D_{ii}+B_i(k),\ \cdots,\ C_i(k)D_{iM}\}\quad i=1,\ 2,\ \cdots,\ M$$

则式（8.6）可改写为：

$$X_i(k+1)=\Theta_i(k)\psi(k)+V_i(k)\quad i=1,\ 2,\ \cdots,\ M \tag{8.7}$$

若进而将 $\Theta_i(k)$ 整理后按向量记作：

$$\Theta_i(k)=\{\theta_{i1}^{\mathrm{T}}(k),\ \theta_{i2}^{\mathrm{T}}(k),\ \theta_{in_i}^{\mathrm{T}}(k)\}\quad i=1,\ 2,\ \cdots,\ M$$

则对第 i 个子系统的每个状态分量 x_{ij}，有：

$$x_{ij}(k+1)=\psi^{\mathrm{T}}(k)\theta_{ij}(k)+v_{ij}(k)$$
$$i=1,\ 2,\ \cdots,\ M;\ j=1,\ 2,\ \cdots,\ n_i \tag{8.8}$$

这里的 $v_{ij}(k)$ 为相应的随机噪声分量。于是可得到如式（8.8）的简化形式。

8.3.2 系统参数辨识

对式（8.8）式时变参数的辨识应包括对过去时刻的参数估计及对未来时刻的参数预测。首先依据已掌握的 N 组观测数据，对式（8.9）的时变参数 $\theta_{ij}(k)$（$i=1,\ 2,\ \cdots,\ M;\ j=1,\ 2,\ \cdots,\ n_i$）可采用参数估计的推广梯度递推算法：

$$\hat{\theta}_{ij}(k)=\hat{\theta}_{ij}(k-1)+(1/\|\psi(k)\|^2\psi(k)\cdot\{x_{ij}(k+1)-\psi^{\mathrm{T}}(k)\hat{\theta}_{ij}(k-1)\}$$
$$i=1,\ 2,\ \cdots,\ M;\ j=1,\ 2,\ \cdots,\ n_i \tag{8.9}$$

其中 $\hat{\theta}_{ij}(k)$ 是 $\theta_{ij}(k)$ 的估计值。

反复运用式（8.9），可得到一系列参数估值序列：

$$\{\hat{\theta}_{ij}(1),\ \hat{\theta}_{ij}(2),\ \hat{\theta}_{ij}(N)\}\qquad i=1,\ 2,\ \cdots,\ M;\ j=1,\ 2,\ \cdots,\ n_i$$

进一步，对未来时刻的时变参数作预测，需对前已得到的参数估值序列进行分析，寻找其规律（一般可按其每一分量处理），运用适当的方法，得到参数预测值

$$\hat{\theta}_{ij}^{*}(N+1),\ \hat{\theta}_{ij}^{*}(N+2),\ \cdots,\ \hat{\theta}_{ij}^{*}(N+h)\qquad i=1,\ 2,\ \cdots,\ M;\ j=1,\ 2,\ \cdots,\ n_i$$

其中 h 为预测步长。

8.3.3　自适应控制

对经简化后的模型，可在对其时变参数辨识的基础上，若已知未来时刻的控制量 $U(k)$，则可用以下公式进行系统状态的自适应预测：

$$\hat{x}_{ij}(k+1)=\psi^{\mathrm{T}}(k)\,\hat{\theta}^{*}_{ij}(k)\qquad i=1,\ 2,\ \cdots,\ M;\ j=1,\ 2,\ \cdots,\ n_i \tag{8.10}$$

若要进行向前多步预测时，$\psi^{\mathrm{T}}(k)$ 中超过 N 时刻的 $x_{ij}(k)$ 可用其预测值 $\hat{x}_{ij}(k)$ 代替。

置
$$\psi^{\mathrm{T}}(k)=[X^{\mathrm{T}}(k),\ U^{\mathrm{T}}(k)]$$
$$\theta_{ij}^{\mathrm{T}}(k)=[a_{ij}^{\mathrm{T}}(k),\ b_{ij}^{\mathrm{T}}(k)]$$

对给定状态 $X^{*}(k+1)$ 的每一个分量 $\hat{\theta}^{*}_{ij}(k+1)$，由与参数估计对偶的自适应控制算法，可得其对应的 $U^{(ij)}(k)$：

$$U^{(ij)}(k)=U^{(ij)}(k-1)\ +\hat{b}_{ij}(k)/\|\hat{b}_{ij}(k)\|^{2})\cdot\{x_{ij}^{*}(k+1)-\hat{a}_{ij}^{\mathrm{T}}(k)x(k)$$
$$-\hat{b}_{ij}^{\mathrm{T}}(k)U^{(ij)}(k-1)\}$$
$$i=1,\ 2,\ \cdots,\ M;\ j=1,\ 2,\ \cdots,\ n_i \tag{8.11}$$

然而，由于每一个 $x_{ij}^{*}(k+1)$ 对应的 $U^{(ij)}(k)$ 不可能都相等，而作为整个大系统仅需要唯一的最优（或次优）控制 $U(k)$，故需在此基础上进一步寻找协调算法，以得出次优控制 $U(k)$。

8.4　应用案例及前景

8.4.1　应用案例

以某地某智能化小区为例，按照上述的理论指导和模型应用，结合实际需求的可操作性，对其设计部署安装了以下子系统：(1) 安防系统；(2) 监控系统；(3) 智能灯光系统；(4) 智能背景音乐系统；(5) 环境空气检测系统；(6) 家电控制系统。

该智能化系统工程以智能体验为研究方案，在设计初衷，本着以人为本以及为人服务态度的智能化，各子系统不再是独立运作，整个办公室互通互联成为一体，安防的联动可将设备与灯光融为一体，减少设备、节约成本、提高效率（如红外人体探测器共用设备），相关实体按键及功能实时在云端为用户服务，无时无刻为用户关注空间与时间；不为未带钥匙、人员来访物理上操作解决，智能科技远程（手机软件 APP）开启省去不要的麻烦，用户离开后不需关注室内灯光电器关掉，智能家居网关大脑通过算法规避不必要的浪费能源。

8.4.2 应用前景

这里提出基于大数据的智能家居系统协调控制思路与方法，正在智能家居系统平台运营中具体验证与实施，并将进一步引导各种智能家居企业的创新项目，依托云计算基础设施和服务平台，开展大数据建模与分析，形成在智能家居产业云计算服务上的领先优势，实现云计算对智能家居产业链整合和优化，真正体现智能家居云服务组合系统带来的巨大经济效益和社会效益。这是一种新型的尝试与体会、甚至努力实现的家居生活方式；更是一种节能环保、收获快乐的途径。

第 9 章　家电子系统及其应用

9.1　家电子系统概述

9.1.1　家电子系统基本功能需求

智能家电是采用一种或多种智能化技术，并具有一种或多种智能特性的家用和类似用途的电器。其中，智能特性指人工智能特性，即家用电器中的控制系统所具有的类似人的智能行为，如自学习、自适应、自协调、自诊断、自推理、自组织、自校正等。

智能家电并不是单指某一个家电，而应是一个技术系统，随着人类应用需求和家电智能化的发展，其内容也会更加的丰富，根据实际应用环境的不同，智能家电的功能也会有所差异，但一般具备以下基本功能:

（1）通信功能。包括电话、网络、远程控制 / 报警等。

（2）消费电子产品的智能控制。例如可以自由控制加热时间、加热温度的微波炉，可以自动调节温度、湿度的智能空调，可以根据指令自动搜索电视节目并摄录的电视机等。

（3）交互式智能控制。可以通过语音识别技术实现智能家电与应控制功能;通过各种主动式传感器实现智能家电的主动式动作响应。用户还可以自己定义不同场景不同家电的响应。

（4）安防控制功能。包括门禁系统、火灾自动报警、燃气泄漏、漏电、漏水等。

（5）健康与医疗功能。包括监看设备监控、远程诊疗、老人 / 病人异常监护。

9.1.2　家电子系统主要技术

智能家电涉及的关键技术包括: 联网技术、家庭网关技术、远程管理技术、设备自动发现技术、硬件平台的处理技术、数字化技术通信技术等。智能家电系统涉及的关键技术包括: 系统架构技术、硬件、统一标识技术、功率和能量存储、安全和隐私技术、组网技术、软件服务与算法等。

智能家用电器目前所采用的智能控制技术主要是模糊控制。少数高档次的家用电器也用到神经网络技术（也叫神经网络模糊控制技术），模糊控制技术目前是智能家用电器使用最广泛的智能控制技术。原因在于这种技术和人的思维有一致性，理解较为方便且不需要高深的数学知识表达，可以用单片机进行构造。不过，模糊逻辑及其控制技术也存在一个不足的地方，即没有学习能力，从而使模糊控制家电产品难以积累经验。而知识的获取和经验的积累并由此所产生新的思维是人类智能的最明显体现。家用电器在运行过程中存在外部环境差异、内部零件损耗及用户使用习惯的问题，这就需要家用电器能对这些状态进行调整。例如一台洗衣机在春、夏、秋、冬四个季节外部环境是不一样的，由于水温及环境温度不同，洗涤时的程序也有区别，洗衣机应能自动调整不同环境中的洗涤程序；另外，在洗衣机早期应用中，洗衣机的零件处于紧耦合状态，过了磨合期，洗衣机的零件处于顺耦合状态，长期应用之后，洗衣机的零件处于松耦合状态。对于不同时期，洗衣机应该对自身状态进行恰当的调整，同时还应产生与之相应的优化控制过程；此外，洗衣机在很多次数的洗涤中，应自动调整特定衣质、衣量条件下的最优洗涤程序，当用户放入不同量、不同质的衣服时，洗衣机应自动进入调整后的最优洗涤程序——这就需要一种新的智能技术：神经网络控制。

神经网络家电的调整过程以期望信号和实际信号的误差趋于无穷小为目标，调整过程采用“时间能量目标”比较方法，达到某一目标的时间和能量减少并且趋于稳定，则调整过程结束。在洗衣机中，目标就是洗涤的干净程度，其量度标准是以进水时的浑浊度或漂洗后放水时的浑浊度为指标的。调整过程可以随机进行，也可在洗衣过程中进行。智能家电通常还根据用户习惯进行调整，使用户省去大量的状态设定操作，方便使用。一旦用户的习惯改变了，智能家用电器又能调整新的自动设定方式。例如，一台微波炉，用户用其加热牛奶的次数最多，而且都用“中火量”3 分钟。当然，用户也用微波炉加热其他食品，但次数比加热牛奶的次数少，而且每次用的“火量”也不尽相同。这样，通过经验调整之后，微波炉自动把开机状态设定在“中火量”3 分钟处，从而给用户省去了每次的重复操作，而当季节改变，随着用户加热牛奶方式的改变，智能微波炉又会自动调整新的设定方式。

此外，智能分析技术、RFID 技术、M2M 技术、传感网技术、云计算等，都是智能家电技术的重要组成部分。

9.1.3 家电子系统主要产品及相关功能

9.1.3.1 家电子系统产品分类

家电子系统按照产品进行分类，可以分为大型家用电器、消费电子产品、厨卫及小家电、环境及健康家电、家电零配件及配套服务五个大类，具体如表 9-1 所示。

家电产品分类表 表9-1

01 大型家用电器	0101 家用制冷：冰箱、冷柜、酒柜、制冰机； 0102 空气调节：空调； 0103 家用清洁：洗衣机、干衣机
02 消费电子	0201 家用视听产品：电视机、家庭影院、投影机、影碟机、组合音响、收音机、录音机； 0202 个人电子产品：平板电脑、电子游戏机、CD播放器、MP3/MP4播放器、随身听、PDA、电子词典、学习机、移动存储器、数码相机、DV、电子书； 0203 通信产品：手机、电话机、对讲机； 0204 车载电子产品； 0205 家用电动娱乐电器：麻将机
03 厨卫及小家电	0301 厨房电器：油烟机、灶具、洗碗机、消毒碗柜、燃气热水器、电热水龙头； 0302 卫浴电器：电热水器、热泵热水器、洁身器、电吹风、浴霸、干手机、排风机、集成吊顶； 0303 小家电：豆浆机、榨汁机、料理机、咖啡机、电饭煲、微波炉、电磁炉、电饼铛、电压力锅、电烤箱、电煎锅、电炖锅、面包机、面条机、冰激凌机、酸奶机、果蔬解毒机、煮蛋器、打蛋机、豆芽机、榨油机、厨宝、垃圾处理机； 0304 太阳能电器：太阳能热水器、太阳能草坪灯、庭院灯、太阳能玩具、太阳能电池板等
04 环境及健康家电	0401 水处理电器：饮水机、净水器、纯水机、软水机、管线机、直饮机； 0402 清洁电器：吸尘器、除螨吸尘器、蒸汽拖把、扫地机、地板打蜡机、挂烫机、电熨斗、擦鞋机、电驱蚊器、电蚊拍、厕所除臭器； 0403 居室空气调节电器：空气净化器、电风扇、冷风扇、除湿机、加湿器、负氧离子发生器、小型氧气发生器； 0404 取暖电器：电暖器、电热毯、电热炉； 0405 个人护理电器：电吹风、剃须器、卷发器、电动牙刷、美容仪、电动吸奶器； 0406 卫生保健电器：足浴盆、按摩椅、按摩器、血压测量仪、体温测量仪、体脂测量仪
05 家电零配件及配套服务	0601 家电用各类零部件； 0602 家电领域工业设计； 0616 家电产品检测设备、标准、认证服务、家电技术咨询服务； 0604 电器回收处理技术与装备

9.1.3.2 智能家电系统分类

智能家电系统可分成两类：一是采用电子、机械等方面的先进技术和设备。二是模拟家庭中熟练操作者的经验进行模糊推理和模糊控制。随着智能控制技术的发展，各种智能家电产品不断出现，例如，把数控技术和电脑相结合开发出的数控冰箱，具有模糊；逻辑思维的电饭煲、变频式空调、全自动洗衣机等。

根据智能家电的智能程度不同，同一类产品的智能程度也有很大差别，一般可分成单相智能和多项智能。单项智能家电只有一种模拟人类智能的功能。例如模糊电饭煲中，检测饭量并进行对应控制是一种模拟人的智能的过程。在电饭煲中，检测饭量不可能用重量传感器，这是环境过热所不允许的。采用饭量多则吸热时间长这种人的思维过程就可以实现饭量的检测，并且根据饭量的不同采取不同的控制过程。这种电饭煲是一种具有单项智能的电饭煲，它采用模糊推理进行饭量的检测，同时用模糊控制推理进行整个过程的控制。多项智能家电在多项智能的家用电器中，有多种模拟人类智能的功能。例如多功能模糊电饭煲就有多种模拟人类智能的功能。

我国主要的家电企业主要上市的智能产品如表 9-2 所示。

我国主要家电企业上市的智能产品类别 **表 9-2**

企业	智能家电产品
海尔	U+ 智慧生活操作系统，智能空调、冰箱、厨卫产品
美的	“M-smart 智能家居”战略，智能空调、智能整体厨房
格力	研发智能家电产品
海信	智能电视
TCL	智能空气净化器
长虹	智能冰箱、智能空调
小天鹅	智能洗衣机
三星	智能空调、智能冰箱、智能厨卫产品
LG	智能空调、智能冰箱、智能厨卫产品

9.1.3.3 智能家电主要产品及相关功能

智能家电主要是将微处理器、传感器技术、网络通信技术引入家电设备后形成的家电产品，具有自动感知住宅空间状态和家电自身状态、家电服务状态，能够自动控制及接收住宅用户在住宅内或远程的控制指令；同时，智能家电作为智能家居的组成部分，能够与住宅内其他家电和家居、设施互联组成系统，实现智能家居功能。智能家电结合智能化技术、网络技术、云服务技术、大数据分析技术等，通过家电自身的感知器件以及外部的感知信息，同时也可以利用局域网、互联网、电信网等网络载体，实现家电自身的智能化操作，实现与家居其他设备互联、数据信息共享、远程监控等服务，实现智能化感知、智能化管控、智能化分析和决策等功能。

智能家电主要产品及其相关功能举例如下：

1. 智能电视

目前智能电视的到来，顺应了电视机“高清化”、“网络化”、“智能化”的趋势。首先，智能电视意味着硬件技术的升级和革命，只有配备了业界领先的高配置、高性能芯片，才能顺畅运行大型 3D 体感游戏和各种软件程序；其次，智能电视意味着软件内容技术的革命，智能电视必然是一款可定制功能的电视；最后，智能电视还是不断成长，与时俱进的全新一代电视。智能电视最重要的就是必须搭载全开放式平台，只有通过全开放平台，才能广泛发动消费者积极参与彩电的功能制定，才能实现彩电的“需求定制化”、“彩电娱乐化”，才是解决彩电智能化发展的唯一有效途径。

智能电视实现了网络搜索、IP 电视、视频点播（VOD）、数字音乐、网络新闻、网络视频电话等各种应用服务。智能电视正在成为继计算机、手机之后的第三种信息访问终端，用户可随时访问自己需要的信息；智能电视也将成为一种智能设备，实现电视、网络和程序之间跨平台搜索；智能电视还将是一个“娱乐中心”，用户可以搜索电视频道、录制电视节目、能够播放卫星和有线电视节目以及网络视频。 连接网络后，智能电视能提供 IE 浏览器、全高清体感游戏、视频通话、家庭 KTV 以及教育在线等多种娱乐、资讯、学习资源，并可以无限拓展，还能分别支持组织与个人、专业和业余软件爱好者自主开发、共同分享数以万计的实用功能软件。

目前我国智能电视机有康佳、TCL 王牌、长虹、海信、海尔等。

2. 智能冰箱

新近上市的冰箱新品当中，在智能方面加强了技术改进，出现了“会说话的冰箱”，即在某些功能操作上添加了语音播报的效果。

语音智能电冰箱，虽然看起来这样的语音“智能”功效并不算特别突出，但是巧妙的设计显得格外贴心，在冰箱中添加了人性化的色彩，让消费者一打开冰箱就能感受到温馨的问候及浓浓的科技关怀。在单纯的产品功能外，赋予了冰箱更多人性化的关怀，实现了单纯的制冷功能与人性化设计的完美结合。

市面上的创维语音智能电冰箱不仅具有保鲜、节能等五大立体健康功能，还拥有独具特色的“智能语音问候”、“超时语音报警”、“节能常识播报”三大特色语音功能。实现了在使用时自动识别时段进行问候，可以问候“早上好”、“晚上好”、“谢谢使用”等;“超时语音报警”则是在冰箱门未关好的 30s 之后，冰箱自动发出“请关好门”的语音报警。

目前我国智能电冰箱品牌如表 9-3 所示。

我国智能电冰箱品牌　　表 9-3

排名	品牌	备　注
1	海尔	中国名牌，中国驰名商标，亚洲企业 50 强，冰箱十大品牌
2	美菱	中国名牌，中国驰名商标，十大冰箱品牌，合肥美菱股份有限公司
3	西门子	世界品牌，全球最大的电子公司之一，西门子 (中国) 有限公司
4	新飞	中国名牌，中国驰名商标，冰箱十大品牌，河南新飞电器有限公司
5	容声	中国名牌，中国驰名商标，冰箱十大品牌，青岛海信集团有限公司

智能电冰箱主要功能要求如下：

（1）远程监测与控制；

（2）运行状态参数的显示与设置；

（3）基于 RFID/ 视频识别技术的食品管理;
（4）耗能可视化管理及智能分析;
（5）网络管理;
（6）健康食谱管理;
（7）多媒体影音播放;
（8）语音提示。
其他辅助功能（时间同步、日历、邮件、系统设置等）。

3. 智能空调

主要功能要求如下:
（1）远程监测与控制通信模块;
（2）运行状态参数的显示与设置;
（3）耗能可视化管理及智能分析;
（4）电量采集模块;
（5）故障报警与远程维护;
（6）天气预报;
（7）资讯订制;
（8）网络管理;
（9）语音提示;
（10）其他辅助功能（时间同步、日历、邮件、系统设置等）。

4. 智能洗衣机

主要功能要求如下:
（1）远程监测与控制;
（2）运行状态参数的显示与设置;
（3）基于 RFID 的衣物识别与洗涤;
（4）程序管理;
（5）耗能可视化管理及智能分析;
（6）天气预报;
（7）网络管理;
（8）语音提示;
（9）其他辅助功能（时间同步、日历、邮件、系统设置等）。

9.1.4 家电子系统主要阵营及商业模式分类

9.1.4.1 主要阵营

目前国内的智能家居提供商按其阵营，大致可以分为 4 类：终端厂商阵营、互联网公司阵营、视频网站阵营、运营商阵营，每个阵营都有不同特点。

1. 美的

以传统家电智能化为契机，打造 M-Smart 智慧家居平台（图 9-1）。

图 9-1 美的系智能家居部分产品

总体定位：智能家居硬件产品提供商。

核心产品：以白家电智能化为切入点，逐步打造空气智慧管家、营养智慧管家、水健康管家、能源安防智慧管家四大智慧家居系统。

关键动作：基于阿里巴巴物联网开放平台构建 M-Smart 系统；强强联合，实现白电品类的智能化。

2. 小米

以小米盒子和路由器为突破口，致力成为家庭互联网解决方案提供商中的引领者（图 9-2）。

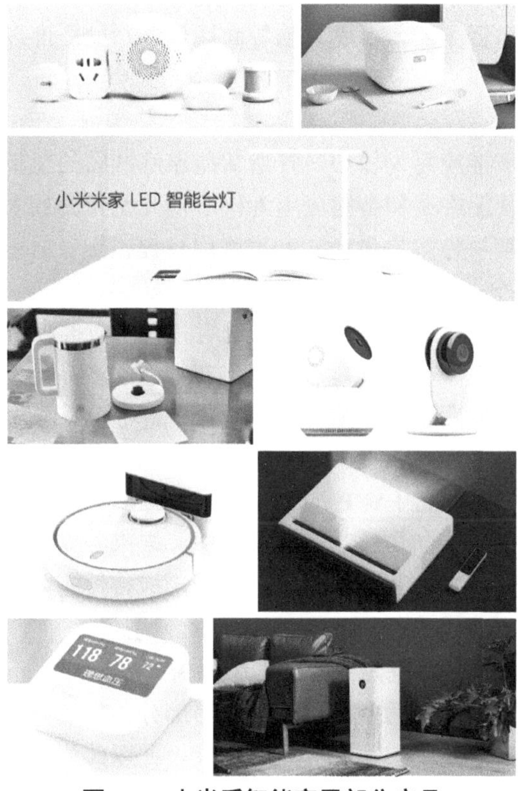

图 9-2 小米系智能家居部分产品

总体定位：家庭互联网解决方案提供商。

核心产品：以小米盒子和小米路由器为基础产品，以智能手环、智能摄像机、空气净化器、智能插座、yeelight 智能灯泡、iHealth 智能血压计等为增值应用。

关键动作：广泛投资智能硬件公司，多达 20 余家；发布小米智能模块，推进传统家电变身；以低价或者免费方式加大互联网与传统家电厂家的合作。

3. 百度

以智能硬件作为切入点，实施软硬云服务一体战略（图 9-3）。

图 9-3　百度产品“小度在家”

总体定位：以智能硬件切入、以电商平台打造作为差异化手段，致力成为智能家居生态系统的打造者。

核心产品：智能路由器、百度影棒等硬件类基础产品。

关键动作：自建电商平台“百度未来商店”，推广智能硬件；携手硬件厂商发布智能产品；依靠百度云、百度大脑等高端资源帮助厂商以较低成本快速切入智能家居市场。

4. 电信

以智能终端和智能应用为核心，打造智能家庭产品的全新品牌。

总体定位：以智能终端和智能应用为核心，光宽带为接入方式，致力于成为家庭信息化一揽子解决方案提供商，为家庭用户提供影音娱乐、民生应用和智能网关应用三大类服务。

核心产品：用户提供影音娱乐、民生应用和智能网关应用三大类服务。

智能家电产品将越来越多地与服务绑定在一起，产品将不再能够独立存在于互联网世界之外，互联网服务（APP）将成为产品功能不可缺少的一部分。

9.1.4.2　主要商业模式

1. 商业模式之一：产品 +APP

互联网思维正在逐步向传统制造行业渗透。未来独立的产品功能无法建立起有效的壁垒，只有工业设计和持续的服务才能形成持续有效的盈利能力。这个也是智能家电产品的商业模式之一。

2. 商业模式之二：以黑电为中心的信息服务

家庭娱乐仍旧是人们生活中不可或缺的一部分。传统电视厂商或者新进电视制造商将在未来 2 ～ 3 年中快速完成入口建设，并以此为基础通过为家庭提供资讯、影视资源、游戏、教育资源、家庭消费平台（基于电视的电子商务）甚至个性化的家庭服务（远程服务）。

3. 商业模式之三：以多元化生活电器为基础的生活服务

黑电需要与其他电子设备抢夺消费者的注意力，而生活电器则恰恰相反，需要通过更加智能的算法和功能定义尽量减少消费者对产品本身的互动（智能设备自动学习消费者生活习惯后，甚至完全不需要互动），让消费者的生活方式越来越简单。然后再通过分析丰富的消费者生活数据，以最有效率的形式为消费者提供多元化的生活服务。

9.2　示范性项目分析

9.2.1　项目概况

《智能家电的现状与未来》预测，到 2020 年，智能家电的生态产值将飙升至 1 万亿元、智能终端将增至 8000 亿元的市场规模，实现 10 年 20 倍的飞跃式增长。预计到 2020 年，智能手机渗透率将高达 99%，智能电视渗透率达到 93%，智能空调、智能电冰箱、智能洗衣机的渗透率将分别增至 55%、38% 和 45%。未来 10 年，以智能化为发展趋势，把家中分散的家电产品串联为整体控制系统，实现人机对话、智能控制、自动运行，将会全面改写家电市场现状和行业格局。

目前，我国主要的家电品牌在智能家电领域的基本情况如下。

1. 长虹推进大数据应用平台建设

伴随着长虹家电终端的加速智能化，传统的家电服务也正适应智能新产品的要求，逐步从“线下”转向“线上”。网络化、智能化、远程化正逐渐成为长虹智能家电服务的新特点。而在这一家电服务由“被动”向“主动”的转型过程中，大数据的应用，扮演了为智能家电服务提供整体解决方案、保障长虹智能战略落地的关键角色。

目前云平台的建设和大数据的应用，已完全颠覆了长虹原有的“被动式”家电服务模式。通过对智能家电终端使用数据的实时收集、监测、比对、分析，首先，长虹已经实现云端智能诊断和远程协助维修，并对售后上门服务实现监控；其次，通过云端与产品终端的智能交互，保障 CHiQ 系列新产品所承载的如食品比价、PM2.5 监控等各种智能服务得以实现；最后，通过定时定期地将有价值的用户使用数据反馈给公司业务部门，让业务部门及时了解用户的体验与需求，长虹据此为用户提供和改进智能服务。

2. 海尔华为云平台对接

2015 年 8 月 12 日，海尔与华为消费者业务达成战略合作。在此次合作中，双方将实现云平台对接，形成数据共享，在实现智慧化生活的道路上共同迈进重大一步。

智能家居近年来已成为各行业热衷投入的一块“蛋糕”，然而，在发展初期由于缺乏行业的正确引导，使得在打造智能家居的过程中出现形态过于分散，资源过量投放导致浪费等系列问题。企业要解决这些问题，打通云平台共享技术，达到行业资源共享势在必行。

云平台开发者只需与海尔云的对接，就能实现与所有设备、多种技术的互联互通，家电、安防等企业无需再投入资金和技术进行研发，接入后自动升级。这是海尔目前智慧生活云平台技术的优势。

3. 苏宁推出大数据智能家电产品

用户可以通过苏宁易购APP在线下单补充冰箱存储的鲜果蔬菜，也可以通过PPTV在厨房随时收看精彩赛事和集锦，还可以使用豆果美食APP查阅菜谱等，这些构成了苏宁云商和德国百年家电品牌博伦博格（Blomberg）的首个合作成果：基于大数据的大屏冰箱“ET外星人”。苏宁方面2015年发布了这一进军智能家居产业的首次尝试，并表示将把新品作为2015年“双十一”的主推产品之一，线上线下共同发布。

从功能设计看，“ET外星人”一点都不像一台冰箱，而是类似于厨房的小帮手。这是博伦伯格从计划拓展中国市场起就开始谋划和研发的产品，和苏宁合作后则得到了大量中国市场智能冰箱领域市场数据的支持，针对冷冻解冻难、直冷易风干、结霜噪声大、高冷硬外观等一系列用户痛点，采用了零动保鲜、匀冷制冷、10.1英寸智能大屏、云端控制、错叠式专利外观等领先技术。同时，在苏宁零售生态CPU和智能云居APP的支持下，结合国内首次采用的10.1英寸智能超大屏，该款智能冰箱拥有了极强的内容输出能力。

4. 格力打造智能空调大数据系统

格力智能管理系统可以准确计算中央空调的运行费用，提高管理效率，更重要的是节能环保与安全高效。格力借助大数据职能系统再一次在设备节能的道路上达到世界先进水平，从系统的角度降低能耗已经成为格力应用大数据的杰作。比如楼宇自动化控制系统能够自动控制建筑物内的机电设备，通过软件，系统管理相互关联的设备，发挥设备整体的优势和潜力，提高设备利用率，优化设备的运行状态和时间，从而可延长设备的服役寿命，降低能源消耗。

格力可以实现对全国所有格力中央空调的远程监控，通过回收获取的数据进行分析，远程监控产品质量。互联网用在为消费者服务上，就不单单只是一笔简单的买卖。格力未来规划的蓝图中，大数据是举足轻重的一项，但企业更愿意将其视为技术的延伸，目的是提升格力产品质量，最终服务于消费者。

格力在大数据时代以实际行动证明，大数据不仅可以与传统产业结合，而且还能以更智能的方式促进传统产业的发展。最具划时代意义的就是格力智能管理系统（GIMS，即 Gree Intelligent Management System），这套系统包括远程监控系统、分户计费系统、楼宇管理系统、远程智能服务中心及群控系统五个子系统，是格力电器针对目前中央空调管理弊端而专门研发推出的智能化控制系统。通过成熟完善的 GPRS 无线通信网络和 Internet 互联网络，对分布在不同区域的多个工程下的不同类型的空调机组进行实时、智能和人性化的监控与维护。

9.2.2 项目实施方案

9.2.2.1 智能家居中智能家电技术方法

家用电器要实现智能化控制，必然把软件嵌入其内部，需要有智能理论指导进行软件编制。这些理论就是智能基础理论。现阶段，可以嵌入到家电之中的主要智能技术方法归纳如下。

1. 启发式搜索

启发式搜索是人工智能求解中开发出来的对目标求解的最优化方法。它主要依靠和任务无关的信息来简化搜索进程，但它可以从任务中得到的启发信息来确定搜索方向，从而大大减少了优化时间。这种方法在洗衣机的程序选择过程中是十分有用的。

2. 人工神经网络

人工神经网络控制最突出的功能是经验的学习。家用电器在运行中其参数会随着时间的迁移而变化，在神经网络不断运行中进行性能学习，预测出家电变化的趋向，以及在参数变化后的最优控制方法，从而保持家电始终处于一种优秀的工作状态。这种智能方法用于有运行损耗的动力系统中最有效，例如洗衣机、洗碗机等。

3. 模糊逻辑理论

模糊逻辑控制在家电指标控制中是一种极有效的智能化方法。这种控制方法所用的技术指标或任务是模糊的，这是因为人在日常生活中的感觉，包括触觉、嗅觉、视觉都是以模糊量描述的。以模糊控制方法控制家用电器更适合人类的智慧思维及处理过程。

4. 遗传算法

遗传算法是一种模拟自然选择及遗传的随机搜索算法，它的原则是适者生存，不适者淘汰。这种优化方法在家电中较适用于进行状态参数最优组合。在洗衣机中，可对洗涤过程的自适应优化；对电冰箱中的制冷过程自适应优化；空调机对外部环境包括室外季节、室内人员情况的自适应优化控制。

9.2.2.2 智能家居中智能家电控制系统

家电控制系统通过家庭网络实现对家庭电器灵活的控制方式：可控制家庭网络中的所有电器设备，包括白炽灯、日光灯、电动窗帘 / 卷帘、普通电器、大功率电器、红外电器（如电视、空调、VCD、音响等）等；检测家庭居住环境，如温度、湿度、光照度等；完成各种操作控制及状态显示（家庭智能终端或单独的显示器），通过不同的功能模块实现集中控制、场景控制、组合控制、条件控制、远程控制和语音控制；能完成多种操作类型的控制，包括开关操作、灯光调光、卷帘 / 窗帘的开启角度及高度调节、软启（记忆功能）等。

主要采用的控制方法如下：

1. 集中控制

集中控制是将家庭中所有红外电器遥控器的功能都集中在一个控制器上，使该控制器能够控制家中所有的红外遥控设备的控制方法。该功能的核心部件为多功能遥控器，通过学习电视机、VCD 机、DVD 机、功放、空调、遥控照明等多种红外设备的控制码，多功能遥控器可以控制家庭中的所有红外遥控设备，从而无须再使用多个遥控器控制家用电器。

2. 灯光场景控制

灯光场景控制是使用一个键将需要控制的所有照明灯调整到指定状态的控制过程。其核心部件为情景遥控器（或多功能遥控器），其学习并储存需要控制的照明灯的状态编码，当希望把灯光状态调整到已经学习过的状态时，按动遥控器上的指定按键，实现对灯光照明的场景控制。

3. 组合控制

组合控制是将任意几种家电设备的单独功能组合起来作为一个组合功能，实现按下一键对多个设备的联动控制的控制方法。该功能的核心部件为多功能遥控器，通过把学习到的其他设备的单独功能组合在一起，以单键实现多个设备的功能。

4. 条件控制

条件控制是根据设定住宅环境条件来控制一种或几种家电设备的动作的控制方式。该功能的核心部件为多功能遥控器和各种传感器（光照、温度和湿度等）。条件控制中可设定的条件为时间、居室温度、湿度和光照度，控制条件的设置方式可选择在家庭智能终端或多功能遥控器上进行设置。当系统监测到的条件满足设定要求时，系统将自动发出信号，控制选定设备完成设置的功能。系统采取直读方式监测住宅内环境条件（温度、湿度等）。

5. 远程控制

通过拨打家中的电话或登录 Internet，实现对家庭的所有家用电器、灯光、电源的远程控制。该功能的核心部件为家庭智能终端、电话模块和网络模块，通过电话或 Internet，将控制信号发送到家庭智能终端，控制电器完成动作。

6. 语音控制

通过语音控制家庭中的所有家用电器设备。该功能的核心部件为家庭智能终端和语音模块。语音模块学习并存储主人的各种语音指令，当主人发出某控制操作的语音时，语音模块通过识别主人发出的语音，将自动发出对应的控制信号给家庭智能终端，控制选定设备完成设置的功能。

7. 遥控

通过多功能遥控器，可以在家中的任何一个位置控制家中所有网络电器的开关控制、线性调节控制和多个设备、灯光的组合场景控制，同时，该遥控器具有自学习功能，可以代替全家所有红外遥控器来遥控全部红外电器，包括如电视、空调、VCD、音响等。该功能的核心部件为多功能遥控器、场景遥控器和射频接收器。

9.2.2.3 智能家居中智能家电创新手段

现在，智能家电是将微处理器、传感器技术、网络通信技术引入家电设备后形成的家电产品，具有自动感知住宅空间状态和家电自身状态、家电服务状态，能够自动控制及接收住宅用户在住宅内或远程的控制指令；同时，智能家电作为智能家居的组成部分，能够与住宅内其他家电和家居、设施互联组成系统，实现智能家居功能。

1. 颠覆性创新

采取的应对措施往往是转向高端市场，而不是积极防御这些新技术、固守低端市场，然而，颠覆性创新不断发展进步，一步步蚕食传统企业的市场份额，最终取代传统产品的统治地位。

2. 国际领先水平创新

近年来消费者对生活的要求变得越来越高，外观千篇一律或大同小异的产品已经不能够完全满足他们需求。消费者希望能看到造型更新颖更有特点的产品，甚至还希望在产品中能够融入更多人性化的贴心设计。

3. 国际一流水平创新

设计师只有主动地迎接信息时代的洗礼，从设计理念、视觉语言和技术表现方式的创新入手，坚持三者的辩证统一，彻底地推动设计在信息时代的大发展。

4. 国内领先水平创新

充分发挥设计者的创造力，利用人类已有的相关科技成果进行创新构思，设计出具有科学性、创造性、新颖性的设计。

9.2.3 项目实施标准

为更好地规范智能家电市场，国家质检总局和国家标准委共同发布的国家标准《智能家用电器的智能化技术通则》GB/T 28219—2011于2012年9月1日正式实施。作为我国制定的第一个智能家电行业统一标准，其实施将在一定程度上引导智能家电发展方向，规范行业秩序。《智能家用电器的智能化技术通则》

GB/T 28219—2011 明确定义了智能家电、智能特性、智能化技术及智能控制系统结构等概念。对于行业发展有引导、规范作用，在产品智能化上促使企业真正按照相关技术通则生产，逐步深化家电智能化发展水平。

《智能家用电器的智能化技术通则》GB/T 28219—2011 规定了家电智能特性检测与评价内容，将其分为智能特性、智能技术、智能结构 3 个层次，将检测与评价方式分为整机检测、机检测和脱机检测 3 种方式。通过检测评价，每款智能家电必须认定采用了何种智能技术，是否因此产生性能提高、功能扩展的效果，并根据总得分将家电"商"分为 5 级，即 1 级至 5 级，1 级为最高级。此外，《智能家用电器的智能化技术通则》GB/T 28219—2011 规定，根据检测、评价的结果，对送检家电确定其智能化等级后，应发放智能化等级标志，贴于产品明显处，且在包装箱上标注。

《智能家用电器的智能化技术通则》GB/T 28219—2011 的实施，对于智能家电行业是一个好消息，但由于该标准并非强制性，加上家电的智能发展是动态的，因此，标准对行业的促进作用有限。从行业发展角度讲，《智能家用电器的智能化技术通则》GB/T 28219—2011 的实施细则需进一步细化，提高适用性。同时，配套的智能家电产品标准急需出台，与《智能家用电器的智能化技术通则》GB/T 28219—2011 形成系统的智能家电标准，真正明晰产业发展方向，引导消费。另外，除了出台配套性的标准外，还应依靠类似于节能补贴式的生产性鼓励措施，促使企业重视信息化工作，真正在产品智能化方面下功夫。

智能家电标准体系规划如图 9-4 所示：

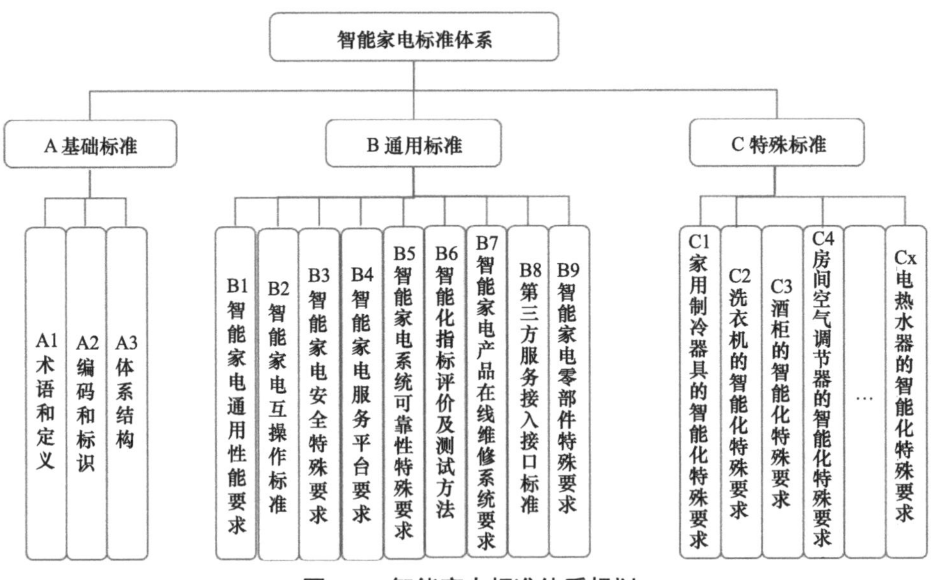

图 9-4　智能家电标准体系规划

在此基础上，经过调研整理，将智能家电相关标准进行汇总，如表 9-4 ～表 9-6 所示。

智能家电相关标准汇总（已颁布）　　表 9-4

序号	名　　称	内容描述	说明
1	《网络家电通用要求》GB/T 2836—2006	规定网络家电的软硬件接口、通信指标要求、功能要求、性能要求、安全性要求、检验测试要求	已颁布实施
2	Guidelines for Networked Home Appliances	规定网络家电设备的功能要求、性能要求、安全性要求	提交 IECTC59
3	《家庭网络 第 1 部分：系统体系结构及参考模型》GB/T 30246.1—2013	提出了家庭网络系统体系结构和参考模型	已颁布
4	《家庭网络 第 2 部分：控制终端规范》GB/T 30246.2—2013	规定家庭网络系统中控制终端的定义、功能、服务需求、系统模型及要求，为控制终端的实现提供技术依据及规范	已颁布
5	《家庭网络 第 3 部分：内部网关规范》GB/T 30246.3—2013	提出了家庭内部互联网关的参考模型、设备类型和通用要求，以及家庭多媒体网关、家庭控制网关和家庭主网关的功能需求	已颁布
6	《家庭网络 第 4 部分：终端设备规范 音视频及多媒体设备》GB/T 30246.4—2013	规定家庭网络内音视频及多媒体设备，以及该类产品的功能、性能、软硬件接口、安全性、标志、产品编号等的技术规范	已颁布
7	《家庭网络 第 5 部分：终端设备规范 家用和类似用途电器》GB/T 30246.5—2014	规定家庭网络内家用和类似用途电器的通用要求，以及该类产品的功能、性能、软硬件接口、安全性、标志、产品编号等的技术规范	已颁布
8	《家庭网络 第 6 部分：多媒体与数据网络通信协议》GB/T 30246.6—2013	规定了家庭网络系统中多媒体与数据网络的通信规范	已颁布
9	《家庭网络 第 7 部分：控制网络通信协议》GB/T 30246.7—2013	规定了家庭网络系统中控制网络的通信规范	已颁布
10	《家庭网络 第 8 部分：设备描述文件规范 XML 格式》GB/T 30246.8—2013	规定了音视频及多媒体设备应具有的设备描述文件的格式	已颁布
11	《家庭网络 第 9 部分：设备描述文件规范二进制格式》GB/T 30246.9—2013	规定了家用及类似用途电器应具有的设备描述文件的格式	已颁布
12	家庭多媒体与数据网络接口一致性测试规范	规定了家庭网络系统中多媒体与数据网络的接口一致性测试方法和检验标准	待颁布
13	《家庭网络 第 11 部分：控制网络接口一致性测试规范》GB/T 30246.11—2013	规定了家庭网络系统中控制网络的接口一致性测试方法和检验标准	已颁布

智能家电相关标准汇总（专项） 表 9-5

序号	标准名称	内容描述	说　明
1	《物联网家电系统结构及应用模型》GB/T 36429—2018	提出物联网家电应用中的系统结构和参考模型，对物联网家电系统的构建提供了指导和规范，同时为本系列的其他标准的叙述作概念的介绍和相关内容的引入，为面向家庭设备的应用和服务构造了一个基础的系统平台	发展改革委2014年物联网标准专项
2	《物联网家电接口规范 第1部分：控制系统与通信模块间接口》GB/T 36424.1—2018	规范物联网家电（/智能家居）与外部的公共接口、互联的通信方式、规约等技术环节，并为相关互联技术的进一步发展提供基本的技术支撑	
3	《物联网家电描述文件》GB/T 36430—2018	提出物联网家电产品描述文件的表述形式，规定描述文件的数据类型格式和文件结构	
4	《物联网家电公共指令集》GB/T 36428—2018	提出物联网家电控制和报警的公共指令集，规定指令集的类型、格式和代码结构	
5	《物联网家电一致性测试规范》GB/T 36427—2018	提出物联网家电系统功能应用的测试方法和检验程序，包括了接口一致性测试说明，不同品种规格的网络家电产品和控制终端的测试方法，为物联网家电系统接口一致性测试的实现提供了技术依据及规范	

智能家电相关标准汇总（立项） 表 9-6

序号	标准名称	说　明
1	智能家用电器体系结构和参考模型	国标委已经立项
2	智能家用电器操作有效性通用要求	
3	智能家用电器服务平台通用要求	
4	智能家用电器的智能化技术电冰箱的特殊要求	
5	智能家用电器的智能化技术 空调器的特殊要求	
6	家用电器专用电参数数据采集模块规范	等待立项
7	智能家用电器的智能化技术通则（修订）	
8	智能家用电器的智能化技术 热水器的特殊要求	

9.2.4 用户体验与效果评估

智能家电、网络通信系统以及应用服务平台将构成智能家电系统，该系统是智能家居的重要组成部分，是智能社区、智慧城市的基本组成单元，整个系统涉及从芯片、设计公司、制造厂商、软件提供商、通信商、运营商等全流程的产业链。对于家电厂商来讲，已不再简单的设备制造，而是如何由设备制造向服务提供、从单一方案向系统方案提供转变。

经过调研发现，消费者购买智能家电的主要因素：最优惠的价格；最全面的技术支持；最优质的产品；最全面的服务；最时尚的外观；最便捷的设置方式。对于用户而言，消费者希望智能家电更人性化：

在价格接受度方面，消费者对各类型智能家电产品的可接受价格普遍在万元以下。消费者也希望智能家电产品能够更加人性化，以满足其对高品质生活追求。

在智能家电产品的功能期待方面，消费者对智能化的需求最高；其次是对远程控制的需求；而对语音或手势控制自动学习、防盗报警、远程维护、开放兼容等功能的需求分别位列其后。

随着科技的发展，用户希望未来智能家电需要超越节能环保、远程遥控等功能，要能为用户带来更为健康、舒适的极致体验。

第10章　安防、健康、运维子系统及其应用

10.1　安防子系统及其应用

10.1.1　安防子系统具体功能需求

一个完整的家庭智能化安防系统主要由视频监控系统、门禁控制系统、报警系统（包括入侵报警系统、漏水报警系统、火灾报警系统）及远程控制4个部分组成，主要功能如下：

1. 视频监控系统

视频监控等于给家装上了眼睛，这双眼睛主要对大厅、院子，地库停车区以及需要进行特别关注的地方进行图像监视，视频信号可存储在家用私有云服务器平台上或公有云服务器平台上。系统与门锁及报警装置联动，在设防时的报警功能被触发的状态下，监控摄像头会转到报警的位置，进行实时录像，同时也可以通过手机 / 平板远程监控报警区域的图像。

2. 门禁控制系统

（1）智能门锁：具有刷卡 / 密码 / 指纹 / 人脸识别 / 远程开启开锁等功能，在门禁开锁同时授权访客的电梯指定楼层使用，提供更全面的电梯使用管理。

（2）访客系统：系统主机具有与分机实时对讲的功能，分机具有门锁控制功能。早期的产品一般只有语音或简单的影像功能，近几年移动终端技术的发展让屏幕的价格大大下除，所以基于视频的可视化对讲类的产品逐渐占领主流市场。

3. 报警系统

系统的前端设备为各种类别的报警传感器或探测器，用来测量某一环境变量的变动情况，并与主机系统进行数据交互，有些可以根据内置的标准直接输出警报信号，更多的是将数据按一定的协议和频率输出给主机中控系统，由主机根据系统的逻辑进行综合分析和利用;系统的终端（或中控）是显示 / 控制 / 通信设备，通过支持iOS/Android系统的智能手机或者平板，实时感知家里的门窗是否被撬，是否有人闯入；当家中发生燃气泄漏、烟雾火警、室内浸水等情况也可以马上得到报警。并根据警报类型，选择通知业主，通报物业，治安事件甚至可以直接报警，并协调室内的智能化控制设备进行有效的防灾害扩大的应对措施，比如关断水阀或气阀等等。

4. 远程控制

用iPhone / iPad / Android手机或者平板等轻松控制整套安防系统，无论在哪

里，只要有互联网的地方就可以通过IP摄像机远程监控家中安全。也可以随时轻松的撤防和布防。主人在家时，设置安防系统处于撤防状态，关闭报警；当主人外出时，设置安防系统处于布防状态，有人闯入时则实时报警等。各种报警信号可以通过移动网络直接发送到业主的手机上。

随着计算机技术，网络技术，远程控制技术的不断发展，智能安防系统必将会开拓更多的实用功能，更好地保护业主的人身和财产安全。

10.1.2 安防子系统建设目标与基本标准

1. 家庭安防子系统建设目标

家庭安防系统是智能家居控制系统中的基础和重要组成部分。其主要功能就是需要在第一时间内对发生的紧急状况做出判断并及时通知用户做出相应处理，减少用户的财产损失。当家中发生火灾、漏水或者燃气泄漏时，可以通过温度、烟雾、漏水及燃气探测器捕捉信号，关闭相关设备的燃气阀门或进水阀门并报警，同时把报警信号通过物联网或移动网络发送给用户；当家中有人非法入侵，也可以通过红外传感器捕捉信号，开启警报，并通过物联网或移动网络发送信息给用户，避免家中不必要的财产损失。当主人不在家想查看家中情况时，也可调用物联网智能家居摄像机查看家中情况；当不在家时，可通过物联网远程智能开锁等。

家庭安防系统建设的原则是网络化、数字化、模块化，智能化。使用方便、安装简单，宜选用低功耗，可无线组网产品；安全性、扩展性要好。并逐渐向无线移动通信技术、智能终端及物联网 / 云平台技术方向发展。同时还要采用最新最适合智能家居的物联网国际标准技术，加上云计算中心，让家庭更舒适，更智能，更放心！

2. 家庭安防子系统基本标准

家庭安防系统应具有数字化和远程化控制的特点，需要对网络和终端设备有一定的要求。家庭需要有宽带接入，家庭智能网关通过接入到internet来对云服务器进行远程登录和访问；同时业主需要配备支持Android或者iOS系统的智能手机，支持3G/4G网络或者WiFi。

系统应采用有线和无线相结合的方式，对于固定设备采用有线布线，有线布线对于无线布线来说系统更稳定和可靠。采用有线布线的设备有IP摄像机，报警按钮、感烟探测器等。对于移动设备建议采用得广泛认可的Zigbee技术，具有低功耗，双向通信，自组网、扩展性好及安全性高等特点，采用无线布线的设备有智能门锁、窗磁、门磁、水浸传感器及可燃气体探测器等。

系统宜采用模块化设计。这样当系统出现局部故障时，只需对故障模块进行简单替换即可，从而保证系统的维护简单、轻松、快捷。

智能家居安防拓扑示意图如图10-1所示。

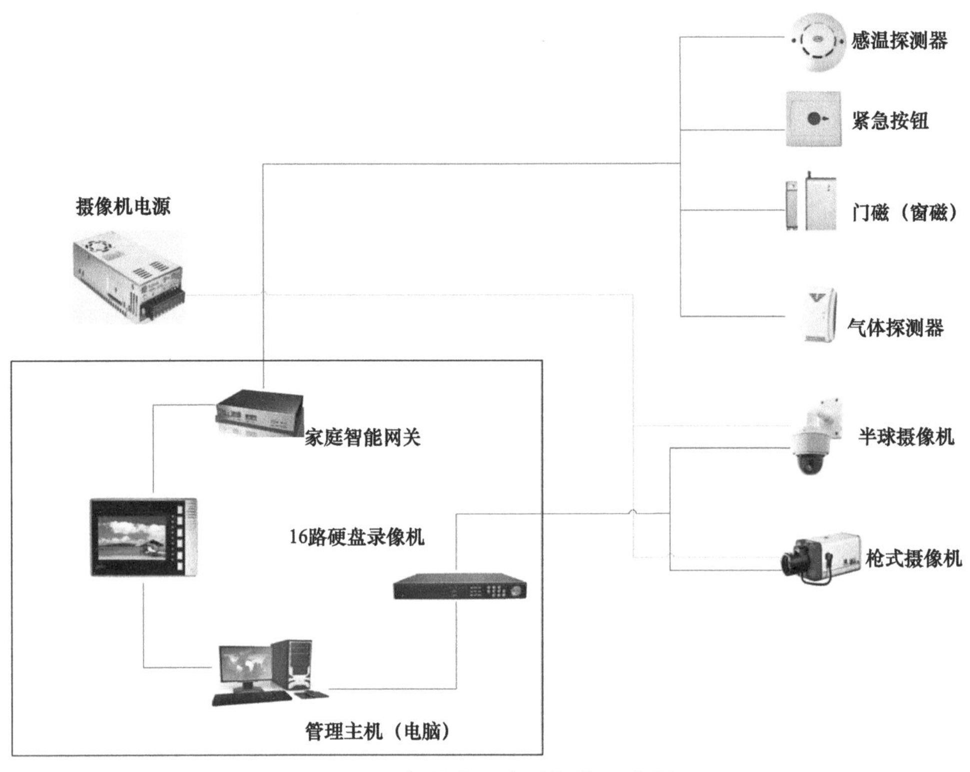

图 10-1　智能家居安防拓扑示意图

10.1.3　安防子系统主要设备选型及技术指标

安防子系统主要设备选型及技术指标见表 10-1。

安防子系统主要设备选型及技术指标　　表 10-1

子项	设施	功能说明	备注
视频监控系统	IP 摄像机（有线/无线）	采用全数字系统对相关活动区域进行图像监视，视频信号可存储在家用私有云服务器平台上或公有云服务器平台上。 当门禁系统被触发的时候，监控摄像头会转到报警的位置，并可以通过手机/平板查看报警区域的图像	采用视频技术探测，监视、设防并实时显示、记录的控制系统或网络
	录像存储器		
门禁控制系统	智能门锁（有线/无线）	可刷卡/密码/指纹/人脸识别/远程开启开锁等功能，在门禁开锁同时授权访客的电梯指定楼层使用，提供更全面的电梯使用管理	采用现代电子设备与软件信息技术，对门禁进行识别，控制，记录和报警等操作的控制系统或网络
	对讲分机	系统主机具有与分机对讲的功能，分机具有门控功能	

续表

子项	设施	功能说明	备注
火灾报警系统	感烟火灾探测器（有线/无线）； 可燃气体探测器（有线/无线）（甲烷/丙烷/一氧化碳）； 家用火灾报警控制器 火灾声警报装置	（1）住户内设置的家用火灾探测器应接入家用火灾报警控制器； （2）当火灾发生时，家用火灾报警控制器应能启动设置在公共部位的火灾声警报器，并发出声光报警信号； （3）当发生燃气泄漏时，家用火灾报警控制器应能发出声光报警信号，并联动开启排风扇，关闭燃气管道上的阀门； （4）设置在每户住宅内的家用火灾报警控制器应连接到小区物业管理中心（如有）监控设备，控制中心监控设备应能显示发生火灾的住户	探测火灾早期特征，发出报警信号，为人员疏散、防止火灾蔓延和启动灭火设备提供控制与指示的消防系统
入侵报警系统	移动探测器（有线/无线）； 门磁窗磁（有线/无线） 紧急求助装置（有线/无线）； 周界电子围栏； 玻璃破碎探测器	（1）设防：业主最后一个离家时，按下设防按钮键，安装在门口及窗户边的移动探测器被激活，约30s后进入设防状态； （2）撤防：开门后必须在设定的时间内用感应门卡或密码撤防，否则就会触发报警器报警； （3）夜间设防：晚上休息后，可进行布防，由于移动探测器安装在靠窗和门口位置，因此对晚上室内正常起夜活动不会报警； （4）报警装置具有防拆卸、防破坏报警功能，且有防误触发措施，报警信号能及时报至物业管理中心； （5）电子围栏作用是主机产生和接收高压脉冲信号，并在前端探测围栏处于触网、短路、断路状态时能产生报警信号，并把入侵信号发送到物业管理中心； （6）玻璃破碎探测器作用是当窗户或阳台门的玻璃被打破时，玻璃破碎探测器探测到玻璃破碎的声音后即将探测到的信号给报警控制器进行报警。 （7）在设防状态下，此时如有人闯入，则手机或平板电脑会收到报警提醒信号	利用传感器技术和电子信息技术探测并指示非法进入或试图非法进入设防区域（包括主观判断面临被劫持或遭抢劫或其他危急情况时，故意触发紧急报警装置）的行为、处理报警信息、发出报警信息的电子系统或网络
漏水报警系统	漏水控制器； 漏水感应线； 漏水保护器	主要是防止漏水，在家中没有人知道的情况下，对地毯，家居用品，家具等可能造成影响而造成损失和不便	用来监测家里地面或其他表面是否水浸，如果有异常情况将通知家庭控制主机报警或采取相应动作如关闭总水闸。系统包括漏水感应器和漏水控制器两部分

10.1.4 安防子系统主要产品及相关技术

家庭安防系统属于安防产业中的一个比较细分的市场，从业者多是从传统安防产业中横向发展过来的，因每家所采用的技术方案，和面向的客群以及对市场理解的不同，所以安防子系统所对应的产品品种和样式繁多，下面就安防子系统的功能角度，列一些主要产品及相关技术供读者参考，见表 10-2。

安防子系统主要产品及相关技术　　表 10-2

类型	图片	功能特点
智能家居管理机		具备智能家居安防及可视对讲功能; 集成智能家居控制功能，可实现室内及远程家居智能控制; 具有有线 / 无线防区安防报警功能; 支持以太网接口以及红外输入接口，支持 ZigBee 通信
智能网关		具备智能家居控制枢纽及无线路由两大功能，通过有线 / 无线方式与智能交互终端等产品进行数据交互; 是智能交互终端设备与智能家居管理机信息传递的桥梁，通过两者间的相应参数设置，从而实现智能家居控制及安全防范报警系统
智能指纹门锁		可刷卡 / 密码 / 指纹 / 人脸识别 / 远程开启开锁等功能，在门禁开锁同时授权访客的电梯指定楼层使用，提供更全面的电梯使用管理; 支持智能网关通过 ZigBee 通信
无线红外微波双鉴探测器		内置高性能微处理器，红外、微波双重分析技术; 若有非法入侵，探测器则向报警控制器发送报警信号; 支持智能网关通过 ZigBee 通信

续表

类型	图片	功能特点
有线被动红外微波双鉴探测器		采用高智能、高稳定性的红外微波双鉴探测技术，先进的红外、微波多普勒信号双重分析技术，防宠物移动误探测技术
无线红外探头		无线红外探头安装在室内的主要通道，如客厅、阳台内侧等。终端通过检测开关量的变化判定是否有报警。无线双向探测，具有状态检测功能; 支持智能网关通过ZigBee通信
无线门/窗磁		门/窗磁主要安装在门、窗上，终端通过检测开关量的变化判定是否有报警，无线双向探测，具有状态检测功能; 支持智能网关通过ZigBee通信
无线紧急按钮		无线紧急按钮安装在室内客厅或房间隐蔽处，当室内发生紧急情况时，住户按下该按钮向管理中心报警; 支持智能网关通过ZigBee通信
燃气探测器		燃气探测器安装在室内（一般多为安装在厨房），与终端配合使用，当室内发生可燃气体泄漏时向管理中心报警。用于终端有线防区部分; 当采用无线燃气探测器时，支持智能网关通过ZigBee通信

续表

类型	图片	功能特点
烟感探测器		烟感探测器安装在室内与终端配合使用，终端通过检测开关量的变化判定是否有报警。用于终端有线防区部分； 当采用无线烟感探测器时，支持智能网关通过 ZigBee 通信
漏水保护器		安装在总进水管处。设定用水时间 1 ～ 99min，一般设定 15min，如果用水时间出现异常，而且出水流量每分钟达到 600 ～ 800mL，该保护器就自动切断水源，起到漏水保护。如果用水时间过程较长，那么只要在用水过程中，关闭水龙头 2 ～ 3s，智能型漏水节水保护器就把时间恢复到零起动状态，仍然是初始设定时间，继续用水时，不影响正常使用
非定位漏水控制器		非定位漏水控制器。 非定位水浸变送器是由水、激励信号变化反馈给变送器，由变送器专用芯片对其进行放大、整形、比较、输出高一款配合水浸传感器使用的分体式导轨安装的新型变送器，主要用于监测现场某处是否有积水和漏水； 使用特点：水浸传感器需紧贴地面安装，无方向极性要求，防氧化，防极化，防腐蚀设计； 适用场合广：根据现场检测范围大小可定制相应长度的水浸传感器 (最长 50m)
非定位漏水感应线		在客厅及卧室的地板下安装。 配合漏水控制器使用的检测线，控制器利用感应线的电阻情况去检测监控是否有漏水漏液情况； 主要针对水的检测，为氟化聚合物结构，抗腐蚀，耐磨性高，最高工作温度 75℃。当漏水时，通过短信发信息报警

续表

类型	图片	功能特点
网络摄像头		实时视频：用户可以通过手机在任何地方，任何时间观看摄像机的实时图像，时刻了解家里的情况。 可视通话：用户可以通过手机和在摄像机旁边的家人实时可视通话。 录像和回放：用户可以设置摄像机 24h 录像，并且可通过手机查看和回放录像
录像存储器		支持通过 WiFi 或有线网络连接，摄像机拍摄的画面会实时存储到存储器里面； 存储器可以储存约 30 天的高清视频信息。 当存储器存满之后则自动覆盖最先存储的内容，写入新的数据； 可以通过配套 APP 调取存储器里面的视频信息

10.1.5　安防子系统商业模式

家庭安防系统是以住宅为平台，集成家庭视频监控系统、门禁控制系统、报警系统（包括入侵报警系统、漏水报警系统、火灾报警系统）及远程控制等功能，实现“以人为本”的全新家居生活体验。

传统安防企业

对于传统安防企业而言，主要在传统对讲系统的基础上集成家庭安防、灯光、家电控制等功能。通过智能触摸屏，把可视对讲、安防报警、智能家居、多媒体功能进行整合，使原来单一的可视对讲室内机成为真正的智能控制终端。能够提供此类系统的安防企业大多数都掌握一些核心技术，技术进入门槛高，竞争对手少，相对而言获得的回报也较高。这类企业的产品特点是基于其原有产品的扩展，因此往往只专注在某一方面，应用场景和客群往往非常细分，有一定的特色和优势。

由于安防联网方式的逐渐普及，安防“IT 化”成为未来发展的必然趋势。安防产业链逐步向云存储、云计算、大数据、移动互联方面扩展和延伸。这些云安防的概念从根本上是基于物联网的模式把云技术与安防监控系统相结合的应用。具体安防领域就是视频监控、门禁控制、手机联网防盗报警、GPS 定位等技术结合起来协同工作，通过智能化识别、定位跟踪报警与信息通信的安全防护实现可视化智能监控管理。以此构建起基于视频监控平台的完整产业链条。在新的技术条件下，安防行业将诞生新的商业模式。

10.2 健康子系统及其应用

智能家居健康子系统利用计算机技术、网络通信技术以及附加的外部设备对家庭的居住环境以及人体健康状况进行实时监测，并与平台联网集成监测系统，实现居家保健的监测及记录。

10.2.1 健康子系统具体功能需求

家庭是构成人类社会的最小单位，是最基本的经济组织，家庭健康的可持续发展是社会稳定发展、国家稳定发展的基石。随着现代生活节奏的加速，保持家庭健康成为根本需求，随之引出了对于居家环境的空气质量、用水质量的需求与日俱增。智慧型城市的建设逐步推进，智能化住宅需要更多辅助设备来监测家居环境中的空气质量指数、水质指数及生成相应的家庭成员人体健康指数。

10.2.2 健康子系统建设目标与基本标准

1. 建设目标

系统可对家庭的居住环境以及人体健康状况进行实时监测，将各数据进行记录统计并上传至数据库内，便于家庭成员对自己居住环境及个人健康状况及时了解；辅以专业化数据的分析推送改善建议；提供用户多样化的各类终端设备以实现健康预期。

2. 基本标准

《空气质量一氧化碳的测定 非分散红外法》GB/T 9801。

《环境空气中氡的标准测量方法》GB/T 14582。

《环境空气和废气 氨的测定 纳氏试剂分光光度法》HJ 533。

《空气质量 氨的测定 离子选择电极法》GB/T 14669。

《环境空气 苯系物的测定 固体吸附 / 热脱附 - 气相色谱法》HJ 583。

《环境空气 氨的测定 次氯酸钠 - 水杨酸分光光度法》HJ 534。

《环境空气 臭氧的测定 靛蓝二磺酸钠分光光度法》HJ 504。

《环境空气 臭氧的测定 紫外光度法》HJ 590。

《环境空气 苯并 [a] 芘的测定 高效液相色谱法》HJ 956。

《空气质量 甲醛的测定 乙酰丙酮分光光度法》GB/T 15516。

《居住区大气中甲醛卫生检验标准方法 分光光度法》GB/T 16129。

《空气中氡浓度的闪烁瓶测量方法》GB/T 16147。

《室内空气中可吸入颗粒物卫生标准》GB/T 17095。

《公共场所卫生检验方法　第 1 部分：物理因素》GB/T 18204.1。
《饮用净水水质标准》CJ 94—2005。
《生活饮用水卫生标准》GB　5749—2006。
《城市供水水质标准》CJ/T 206—2005。
《生活饮用水卫生标准检验方法》GB/T 5750—2006。
《生活饮用水水源水质标准》CJ 3020—1993。
《城镇供水管理信息系统 供水水质指标分类与编码》CJ/T 474—2015。

10.2.3　健康子系统主要技术指标

1. 室内空气技术指标

（1）技术参数

相关技术参数见表 10-3。

技术参数表　　　　**表 10-3**

序号	参数类别	参数	单位	标准值	备注
1	物理性	温度	℃	22 ～ 28	夏季空调
				16 ～ 24	冬季供暖
2		相对湿度	%	40 ～ 80	夏季空调
				30 ～ 60	冬季供暖
3	化学性	二氧化碳	%	0.1	日平均值
4		粉尘颗粒	mg/m^3	0.15	日平均值

（2）测试点要求

采样点的数量根据监测室内面积大小和现场情况而确定，以期能正确反映室内空气污染物的水平。原则上小于 $50m^2$ 的房间应设 1 ～ 3 个点；50 ～ $100m^2$ 设 3 ～ 5 个点；$100m^2$ 以上至少设 5 个点。在对角线上或梅花式均匀分布。

采样点应避开通风口，离墙壁距离应大于 0.5rn。采样点的高度：原则上与人的呼吸带高度相一致。相对高度 0.5 ～ 1.5m 之间。

2. 人体健康数据指标

人体健康数据指标见表 10-4。

人体健康数据指标　　　　**表 10-4**

序号	参数	单位	标准值
1	体温	℃	36 ～ 37（腋下） 36.2 ～ 37.3（舌下） 36.5 ～ 37.5（肛温）

续表

序号	参数	单位	标准值
2	心率	次 /min	60 ～ 100
3	血压	mmHg	90/60 ～ 140/90
4	血液	ml/kg	65 ～ 90（总血量）
5	血脂	g/L	4.5 ～ 7.0g/L（450 ～ 700mg/dl）

3. 水质技术指标

水质技术指标见表 10-5。

水质技术指标　　表 10-5

序号	测试指标	单位	标准分类
1	TDS（溶解于水里的固型物质的总量）	mg/L	＜ 300（极好） 300 ～ 600（好） 600 ～ 900（一般） 900 ～ 1200（差） ＞ 1200（无法饮用）
2	检测饮用水中钙、镁离子含量，判定水质的硬度	mg/L	＜ 300
3	酸碱度（pH 值）		6.0 ～ 8.5 正常

10.2.4　健康子系统主要设备选型

主要设备选型见表 10-6。

主要设备选型　　表 10-6

系统	子系统	设备选择	监测内容
健康系统	室内空气质量监测	温湿度传感器	温、湿度
		二氧化碳浓度探测器	二氧化碳浓度
		粉尘颗粒探测器	粉尘颗粒浓度
	家庭成员健康数据采集	人体健康数据采集设备 智能化体脂称	自主检测及数据采集
	室内水质监测	TDS 测试笔	矿化度（TDS）
			水质硬度

10.2.5　健康子系统主要产品及相关技术

健康系统往往与舒适系统相伴存在，同时随着技术和人们对于健康的日益关注，这一范畴的产品也在日益丰富，时间关系无法一一列举，下面主要列举一些常见通用产品及相关技术见表 10-7。

主要产品及相关技术　　表 10-7

子系统	主要产品	相关技术	功能及参数
室内空气质量监测	米家蓝牙湿温度计	内置 Sensirion 温湿度传感器; 蓝牙传输	温度量程 −9.9 ～ 60℃； 湿度量程 0 ～ 99.9%； 额定功率 0.18mW； 7 号电池 1 节
	衡欣 AZ7788 二氧化碳检测仪带温湿度带报警器	内置二氧化碳传感器	可监测二氧化碳、湿度、温度; AC/DC 7.5V/1A； 100 ～ 240VAC； 温度量程 0 ～ 60℃； 湿度量程 0 ～ 99%
	霍尼韦尔激光粉尘 HPMA115S0	PWM 方式输出; 激光光散射粒子传感; 通用异步接收器 / 传送器输出信号	可用于空气清新机、空气调节器、空气质量监测仪、通风设备; 探测粒子范围：8000pcs/283mL（1μm 以上粒子）
家庭成员健康数据采集	PICOOC/ 有品智能体脂称	蓝牙 4.0 传输; 高精度 G 型称重传感器	可检测人体的 10 项数据（体重、BMI、脂肪、肌肉、骨量、水分、代谢率、身体年龄、内脏脂肪、蛋白质 7 号电池 3 节
室内水质监测	小米 TDS 笔电解器	优质铁棒、铝棒 优质电源开关	可监测水中杂质的含量、测试水中钙、镁离子的含量、判定水质硬度， LR44 纽扣电池 2 节 AC220V

10.3　运维子系统及其应用

10.3.1　运维子系统概述

智能家居如果缺了运维子系统，充其量也就算是个带反馈的自动化系统。运维子系统除了提供针对家庭用电、用水和网络情况进行实时监控，并将非正常运行情况上报至用户和小区物业（按用户需求亦可将非正常情况上报至相对应的维修部门）等管理功能外，同时还提供了服务、人员、设备的管理等服务性需求功能，这两块合二为一即智慧社区。其中管理功能需求见图 10-2。

正常状态下，运维系统可对家庭用电情况、用水情况以及网络情况进行实时监控，当监测到用电出现短路、断路等非正常状态后，会发送报警信息至用户和小区物业；当监测到用水出现漏水、堵水、结冻等非正常状态后，也会发送报警信息至用户和小区物业，以便在第一时间关闭家庭供水管线的阀门，最大限度减小家庭财产损失；当监测到网络出现断网、被蹭网等非正常状态后，发送报警信息至用户。

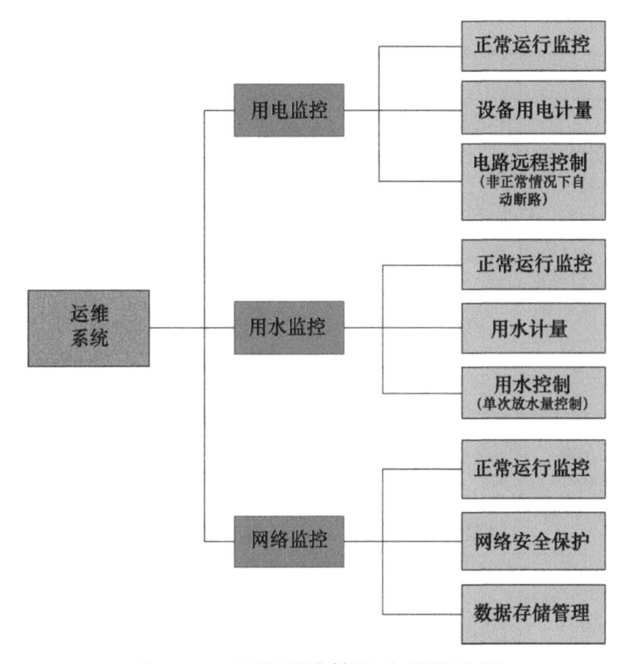

图 10-2　运维系统管理功能需求图

突发情况下，如恶劣天气或漏电等情况，用户可以通过网络远程控制家庭电路的开启与关闭，预防事故发生，以免发生危险；当家庭任一出水口单次用水量超过预设值后，系统将自动关闭水管总阀门，避免用户放水后忘记关闭以及水管漏水等事件发生后可能造成的经济损失。

用户也可通过智能交互终端、手机、网页等多种形式，对家庭用电、用水和网络状态进行实时查看。运维系统可对各个电器的用电量和用电时段，家庭用水量和用水时段进行统计，掌握家庭用电、用水情况。同时，系统将对网络延迟、上行 / 下载速度、吞吐量、丢包率等参数进行稳定性监控，保护家庭网络系统的硬件、软件以及系统中的数据，并对数据存储进行管理，包括存储空间、访问权限、数据备份、防泄漏、数据安全等，提醒用户存储空间剩余以及数据是否处于安全状态，实现对家庭网络的实时监控、安全保护及数据管理。

1. 用电监控

（1）正常运行监控。实时监控家庭用电是否处于正常状态，当监测到短路、断路等非正常状态后，发送报警信息至用户和小区物业。

（2）设备用电计量。实现对家庭各电器设备的管理，统计各个电器的用电量和用电时段，通过智能交互终端、手机、网页等多种形式，掌握各电器设备的能耗情况，实现对家庭耗能的有效管理。

拓展功能：1）用电提醒。用户可以对家庭每个月的用电量进行预估，设置一个用电提醒，当家庭用电量超过设置的提醒数值时，智能交互终端会自动发出提醒，使用户家庭用电更具计划性，节省家庭总用电量。2）家庭用电月报。由智能交互终端根据用电统计信息，每月自动发送家庭用电月报至用户，包括各设备用电量柱状图、每天用电量曲线、用电峰值等，帮助用户管理家庭用电。

（3）电路远程控制。用户可以通过网络远程控制家庭电路的开启与关闭，例如在台风暴雨天气下，可远程切断电路，预防事故发生；或者在漏电发生后，可以及时切断电路，以免发生危险。

2. 用水监控

（1）正常运行监控。实时监控家庭用水是否处于正常状态，当监测到漏水、堵水、结冻等非正常状态后，发送报警信息至用户和小区物业。以便在第一时间关闭家庭供水管线的阀门，最大限度减小家庭财产损失。

（2）用水计量。实现对家庭用水量和用水时段的统计，通过智能交互终端、手机、网页等多种形式，掌握家庭用水情况，进行有效管理。

拓展功能：1）用水提醒。用户可以对家庭每个月的用水量进行预估，设置一个用水提醒，当家庭用水量超过设置的提醒数值时，智能交互终端会自动发出提醒，使用户家庭用水更具计划性，节省家庭总用水量。2）家庭用水月报。由智能交互终端根据用水统计信息，每月自动发送家庭用水月报至用户，包括各出水口用水量柱状图、每天用水量曲线、用水峰值等，帮助用户管理家庭用水。

（3）用水控制。家庭任何一个出水口单次用水量超过预设值后，将自动关闭水管总阀门，该功能是为了避免用户放水后忘记关闭以及水管漏水等事件发生后可能造成的经济损失。

3. 网络监控

（1）正常运行监控。实时监控家庭网络是否处于正常状态，当监测到断网、被蹭网等非正常状态后，发送报警信息至用户；网络稳定性监控，监测网络延迟、上行 / 下载速度、吞吐量、丢包率等参数，并可通过智能交互终端、手机、网页等多种形式实时查看。

（2）网络安全保护。保护家庭网络系统的硬件、软件以及系统中的数据，不因偶然的或者恶意的原因而遭到破坏、更改、泄漏，保证系统连续可靠正常地运行。家庭网络安全，即家庭网络的系统安全和信息安全。系统安全：保证信息处理和传输系统的安全，侧重于保证系统正常运行，避免因为系统的崩溃和损坏而对系统存储、处理和传输的信息造成破坏、损失和泄漏；信息安全，包括用户口令鉴别，用户存取控制权限，数据存取权限、方式控制，安全问题跟踪，计算机病毒防治，数据加密等。

（3）数据存储管理。对家庭环境的数据存储进行管理，包括存储空间、访问权限、数据备份、防泄漏、数据安全等。主要提醒用户存储空间剩余以及数据是否处于安全状态。

功能技术指标见表10-8，用电监测功能示意图见图10-3～图10-5。

运维系统管理功能技术指标　　表10-8

子项	设施	功能说明
用电监控	UPS电源	不间断电源，将蓄电池（多为铅酸免维护蓄电池）与主机相连接，通过主机逆变器等模块电路将直流电转换成市电的系统设备。主要用于给监控设备、服务器等提供稳定、不间断的电力供应
	监控终端	智能交互终端，如电脑软件、手机应用、网页等，向用户展示用电监控信息
	网络服务器	收集、存储及管理网络中的用电资源信息，通过整理及分析，发布给监控终端
	声光报警器	在非正常用电情况下提醒客户的报警装置，同时发出声、光二种警报信号
	断路器	断路器是指能够关合、承载和开断正常回路条件下的电流并能关合、在规定的时间内承载和开断异常回路条件下的电流的开关装置
	电能质量分析仪	对电压质量、电流质量、供电质量和用电质量进行分析的装置
	多功能电力仪表	多功能电力仪表是一种具有可编程测量、显示、数字通信和电能脉冲变送输出等多功能智能仪表，能够完成电量测量、电能计量、数据显示、采集及传输
	三相电流表	三相电流表主要应用于控制系统、能源管理系统、变电站自动化、配电网自动化、楼宇自动化、工业自动化、小区电力监控、智能建筑、开关柜等
用水监控	UPS电源	不间断电源，是将蓄电池（多为铅酸免维护蓄电池）与主机相连接，通过主机逆变器等模块电路将直流电转换成市电的系统设备。主要用于给监控设备、服务器等提供稳定、不间断的电力供应
	监控终端	智能交互终端，如电脑软件、手机应用、网页等，向用户展示用水监控信息
	网络服务器	收集、存储及管理网络中的用水资源信息，通过整理及分析，发布给监控终端
	声光报警器	在非正常用水情况下提醒客户的报警装置，同时发出声、光二种警报信号
	智能水表控制器	智能水表控制器对用户使用的水量进行记数、控制阀门的开、关等。智能控制器上设有液晶显示屏可以显示用户剩余水量、总购水量等信息
	阀门、电磁阀、电动阀	阀门是用来开闭管路、控制流向、调节和控制输送家庭用水的参数（温度、压力和流量）的管路附件。 电磁阀是用电磁控制的工业设备，是用来控制用水的自动化基础元件。用于用水监控系统中调整家庭用水的方向、流量、速度和其他的参数。 电动阀是用电动执行器控制阀门，从而实现阀门的开和关
	压力变送器	压力变送器可将水压力转换成气动信号或电动信号进行控制和远传的设备。 它能将测压元件传感器感受到的家庭用水物理压力参数转变成标准的电信号，以供给用水监控系统进行分析
	水表	水表用于测量水流量

续表

子项	设施	功能说明
网络监控	UPS电源	不间断电源，是将蓄电池（多为铅酸免维护蓄电池）与主机相连接，通过主机逆变器等模块电路将直流电转换成市电的系统设备。主要用于给监控设备、服务器等提供稳定、不间断的电力供应
	监控终端	智能交互终端，如电脑软件、手机应用、网页等，向用户展示网络监控信息
	网络服务器	收集、存储及管理网络中的网络资源信息，通过整理及分析，发布给监控终端
	声光报警器	在网络受入侵、攻击等情况下提醒客户的报警装置，同时发出声、光二种警报信号
	路由器	连接因特网中各局域网、广域网的设备，它会根据信道的情况自动选择和设定路由，以最佳路径，按前后顺序发送信号
	交换机	接入交换机的任意两个网络节点提供独享的电信号通路
	网管软件	用于限制网速、流量监控、安全监控等
	防火墙、IDS（网络入侵检测系统）、IPS（入侵防御系统）	防火墙是位于内部网络与外部网络之间的网络安全系统。一种信息安全的防护系统，依照特定的规则，允许或是限制传输的数据通过。 IDS（网络入侵检测系统）对网络、系统的运行状况进行监视，尽可能发现各种攻击企图、攻击行为或者攻击结果，以保证网络系统资源的机密性、完整性和可用性。 IPS（入侵防御系统）是指能够监视网络或网络设备的网络资料传输行为的计算机网络安全设备，能够即时的中断、调整或隔离一些不正常或是具有伤害性的网络资料传输行为

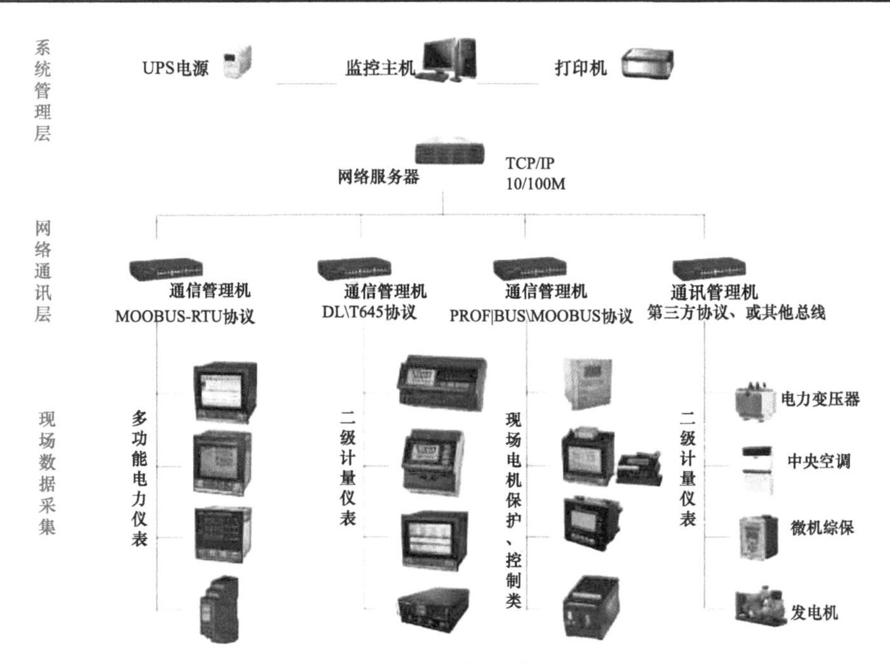

图10-3 用电监测功能示意图（一）

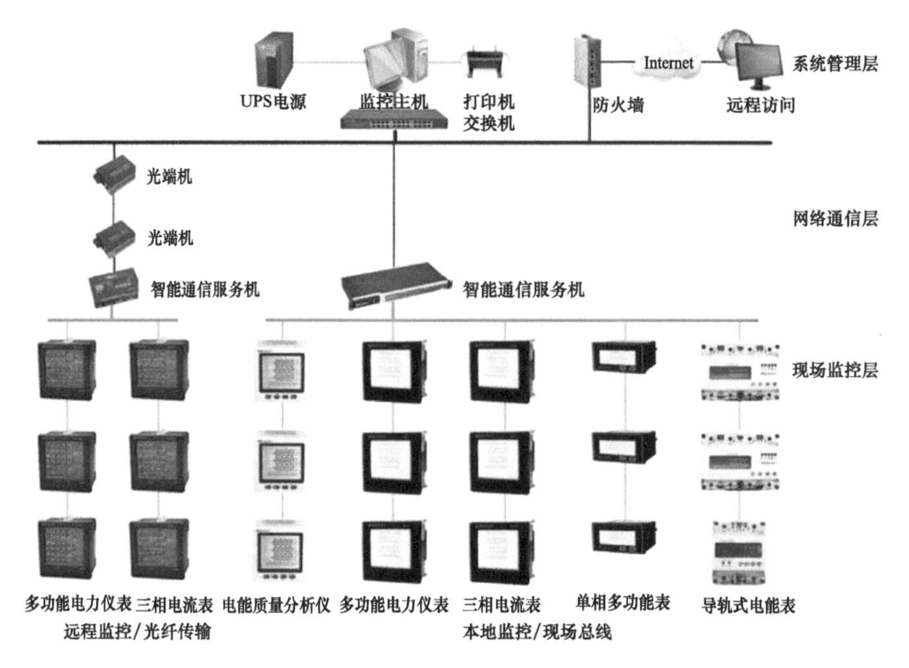

图 10-4　用电监测功能示意图（二）

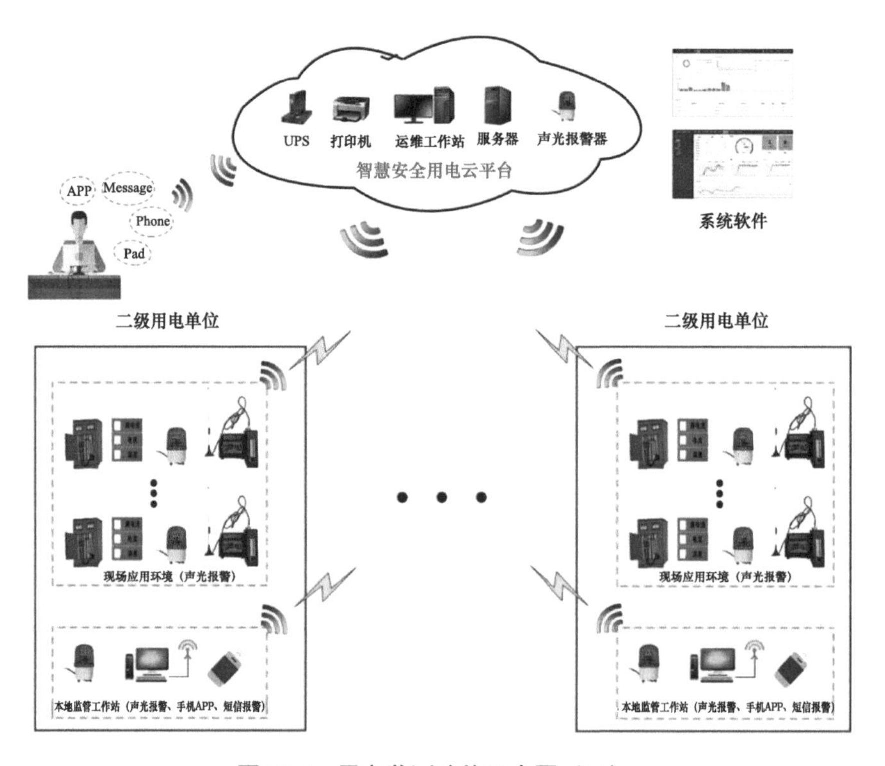

图 10-5　用电监测功能示意图（三）

10.3.2　主要设备选型

德国智能家居产品 She^{TM},，其产品功能如下。

1. 家庭自动控制

She^{TM} 可以通过以下方式与设备进行信息交互：WiFi；红外线；无线电。

Google Nest thermostat 	Philips HUE 	Netatmo weather station 

2. 3G/LTE WiFi 路由器

在 3G/LTE 网络环境下，She^{TM} 可以作为路由器发射 WiFi 热点以及形成 150MB/s 传输速度的无线网络覆盖家庭，连接智能家居装置、手机、平板电脑以及 PC 机。

3. 家庭安全卫士

She^{TM} 具有内置电池，在不连接外部电源的情况下可持续工作 8h。在没有 WiFi 的情况下，She^{TM} 也可以通过 3G/LTE 发送警告通知，只要是在家中发生的事情，任何时间、任何地点，She^{TM} 都可以发送通知到用户。

4. 家庭健康

通过精确的传感器，She^{TM} 将察觉任何的潜在危险，比如有害气体泄漏、空气质量问题、过高的室内温度、不适宜的居住环境等。

5. 内置传感器

光照传感器，用于控制每个房间的灯光和窗帘；

湿度传感器，用于采集每个房间的湿度信息；

温度传感器，用于采集房间的温度数据并通过控制设备调节到温度设定值；

空气质量传感器，空气质量差时警告用户；

烟雾传感器，火灾报警。

第 11 章　环境子系统及其应用

11.1　环境子系统具体功能需求

11.1.1　光系统

室内照明是室内环境设计的重要组成部分，室内照明设计要有利于人的活动安全和舒适的生活。在人们的生活中，光不仅仅是室内照明的条件，而且是表达空间形态、营造环境气氛的基本元素。生活中有两种光：一种是通过门、窗等位置进行日光照射的自然光。目前在我国，自然光的利用基本上仅达到满足照明的目的，很少能体现出对光与影的巧妙应用，局限性很大。另一种是人工光，是指用各种照具对室内环境进行照明的一种方法。人工光由于可以人为地加以调节和选用，所以在应用上比自然光更为灵活，它不仅可以满足人们照明的需要，同时还可以表现和营造室内环境气氛。

1. 自然采光控制

自然采光，通过最大化利用日光，将电气照明的需求降至最低甚至免除，从而达到节能的效果。结果表明，自然采光控制后不仅有 50%～60%的照明能耗节能率，耗冷量也可减少 10%～30%。自然采光在智能家居的光系统中占据重要位置，但是自然光具有随机性、多变性、易干扰性，自然采光设计是在了解日光动态特性如何影响建筑后，通过制订照明控制方案自动适应这些变化。目前的通用技术是通过传感器将自然光的照度发送至控制模块，控制模块根据编程来决定应对措施。这其中也会应用到电动窗帘系统，所以需要通过对窗帘的控制使得引入家居环境中的自然光更符合人们的生活习惯。

2. 人工照明控制

人工照明也就是“灯光照明”或“室内照明”，它是利用电发光灯具作为夜间照明光源，同时又是白天室内光线不足时的重要补充。人工照明环境具有功能和环境氛围两方面的作用，从功能上讲，建筑物内部的天然采光要受到时间和场所空间的限制，所以需要通过人工照明补充，在室内造成一个人为的光亮环境，满足人们视觉工作及生活的需要；从环境氛围角度讲，除了满足照明功能之外，还要满足美观和艺术上的要求，这两方面是相辅相成的。随着科技的发展，越来越多的自动化、智能化的产品进入到人们的生活，传统的照明控制方式已逐渐被智能型照明控制系统所取代，成为一种行业发展潮流与趋势。

11.1.2 空气系统

影响室内空气环境的因素有很多，温度、湿度、洁净度、氧气浓度等，营造一个舒适的室内环境，使以上要素维持在一个最适于人体活动的状态或者范围内，对如今的空调设备提出了越来越高的要求。

要满足创造室内舒适环境的要求，空调设备是其核心要素。区别与控制生产设备温度的工艺性空调，舒适性空调是专门为人而设计的，为人们的工作、生活创造一个舒适的室内环境，以提高人们的工作效率或维持一个良好的健康水平。而适合家居环境使用的空调设备，市面上无外乎有以下几种：分体空调、家用中央空调以及顶棚或地板辐射供冷或供热系统。分体空调设备简单，对室内温度等调节均需由人手动控制调节。因此，要实现家居空调智能化，必须基于采用中央空调前提下，通过设备自身的控制系统，或通过与智能家居控制集成的手段来加以实现。

家用中央空调，与公共场所使用的大型中央空调相比，在其功能及使用上也有本质的区别。酒店、商场、办公等公共场所，人们作为上述场所的客户，只是空调的使用者，只需根据自身对环境的感受，对室内温度、气流等提出要求，有场所的管理者，物业或者工程维护部门等相对专业的人员，根据客户的需求，来对空调设备进行针对性地设置。而家用空调，人们既是使用者，也是管理者，自身对空气调节的要求，需要自己通过对空调设备的设定来实现，普通人对空调设备的原理以及运行不会有专业方面的知识，因此家用空调设备自身的智能化显得尤为重要。

11.2 环境子系统建设目标与基本标准

11.2.1 电动窗帘的系统组成及实现目标

随着科技的发展，人民生活和工作条件的不断改善，电动窗帘越来越为人所接受。一套完整的电动窗帘系统主要包括装饰布帘、轨道系统和控制系统。其隶属于智能家居中的一个子系统，也可以单独使用。

电动窗帘产品不但实现了电动化，通过红外线、无线电遥控或定时控制实现自动化，而且运用阳光、温度、风等电子感应器，实现产品的智能化操作，降低劳动强度，延长产品的使用寿命。需要满足以下功能需求。

1. 保护隐私需求

窗帘的基本作用是遮阳和保护隐私。电动窗帘是窗帘的一种，当然离不开窗帘的基本属性。当然，不同的家居场景，对窗帘或者直接说隐私的保护程度是不同的。阳光面料：室内可以很清楚地看到室外，而室外却不能透视室内。适用于室外风景优美或者需要有良好的采光；全遮光面料：遮光性能比较好。适用于户外光线太强，或者在室内使用电脑。这两种面料都能很好地保证用户的隐私需求。

2. 利用光线

利用光线也是电动窗帘作为窗帘的基本要求。一般窗帘，会利用薄纱等来利用光线，电动窗帘能更好地利用光线，电动窗帘配有光感应器，通过光感应器感知自然光强度，通过控制系统控制调节电动窗帘位置、百叶帘角度等使室内照度在一定程度上稳定平衡，并达到节能的目的。

3. 装饰墙面

窗帘对于很多普通家庭来说，是墙面的最大装饰物。墙面装饰中可通过窗帘形式、面料颜色花样等的选择来配合装饰风格。此外，电动窗帘在墙面装饰中的体现还包括墙控器，墙控器颜色、材质和款式可根据装饰需要进行选择。

4. 吸声降噪

一般电动窗帘的噪声都会有控制的，我们知道，声音的传播部分，高音是直线传播的，而窗户玻璃对于高音的反射率也是很高的。所以，有适当厚度的窗帘，将可以改善室内音响的混响效果。平开帘、罗马帘的褶皱形式和面料特性使其具有吸声降噪的作用。

电动窗帘控制系统应当关注家居空间的功能定位，比如门厅、客厅是公共区域，因此对于光照强度要求更高；而厨房、餐厅是家庭聚餐区域，应当重视创造一种恰到好处的光照氛围，让家庭成员在愉悦心情中进餐；卧室、客房是休息的场所，应当适当考虑对自然光的阻隔，避免强光降低睡眠质量。其次，应与其他智能家居系统相结合，将电动窗帘控制系统与智能家居影声系统、照明控制系统、空调控制系统等设备设定为可供选择的智能家居模式，以后则只需点击该模式即可进入预设状态。这样真正达到了有效降低能源成本，高效节能且灵活便捷的智能家居系统实现目标。

11.2.2 智能照明系统概述及实现目标

所谓智能照明控制系统，其实就是根据某一区域的功能、每天不同的时间、室外光亮度或该区域的用途及人的使用习惯来自动控制照明灯具，从而部分甚至全部代替人为手动控制的一套系统。其中最重要的一点就是可进行预设，即具有将不同照明灯具分组、分类、照明亮度转变为一系列设置的功能，这些设置也称为场景。在家庭内使用时，可通过不同形式的多功能触屏面板集中控制。智能照明系统的控制方式如下。

1. 场景控制

生活中常常遇到这样的问题，当在客厅中看电视或读书时并不需要太强烈的照明光线，不得不关掉客厅大灯，开启光线相对较暗用于满足看电视或读书需要的其他灯具。为了满足不同场合的照明要求，需要安装多种灯具及开关面板，并进行手动控制，平时使用不方便，智能照明系统能轻松解决这个问题。只要按下手中的遥控器就能换转场景灯光照明。

当想看电视时，只需要点击触摸场景控制器的“客厅电视”场景，自动关闭客厅部分灯光，将光线调整到最舒服的亮度；当需要会客时，点击触摸场景控制器的“客厅会客”场景，即可进入会客模式。当晚上准备睡觉时，点击触摸场景控制器的“睡眠”场景，客厅及餐厅的灯光按照由远到近的顺序依次熄灭，让主人回卧室的时候有足够的灯光照明。当想要睡觉时，只需点击灯光遥控器的“睡觉”场景，即可进入睡眠模式，自动关闭卧室所有灯光；当晚上起夜时时，点击自带背光功能的灯光遥控器的“起夜”场景，即可进入起夜模式，在卧室到卫生间之间的照明打开为功能 50% 以下灯具的状态，实现起夜的照明需求又不会影响家人的睡眠体验。当开始“回家”场景时，一键打开客厅的基础照明光源。

场景模式可通过客厅触摸屏、主卧的墙装面板或随身携带的遥控器等预设实现。在需要调光的场所，会根据预设程序对部分灯具进行调光控制，灯光的照度可以有一个渐变的过程。可以根据用户需求随时调整预设程序，随心所欲地变换不同场景，营造一种温馨、浪漫、幽雅的灯光环境，满足不同使用人群的需求。

2．感应控制

家庭居室中的一些空间，经过分析可得出，有一些功能性较强、较单一的场所。如住户入口处、卫生间、储藏小间、衣帽间等，这些区域的照明灯具设置一般较单一、灯具较少，可采用感应控制方式。感应控制可分为人体红外感应、移动感应，住户入口处可选取 1 只灯具作为红外感应灯，则进门后入口等自动感应打开，无须手动面板控制，方便实用，给人以宾至如归的感觉；卫生间内一般照明顶灯可选取采用红外感应控制，人进入卫生间一般照明同步开启，当需要开启其他射灯、镜前灯可再通过智能面板开启，避免多次误按键切换不同类型灯照明，尤其对短时进卫生间仅需一般照明不需其他照明的情况（如上卫生间、起夜等）显得特别方便。当人在卫生间内未离开时，红外探测器会自动保持顶灯开启状态，直至人离开卫生间后延时自动关闭；储藏室、衣帽间可选用红外感应灯，当人进入后自动开启，人离开后延时自动关闭，大大节省了现场智能面板及管线的数量，节省的人为开关面板的时间，也避免了忘关灯造成的能源浪费。

移动感应探测器可应用在一些成品移动灯具（如夜灯）中，随着物联网技术的发展，可选用具有一定时间设置的成品移动感应探测灯具，在晚上上卫生间或到厨房、客厅等的通道上根据住户需求安装一定数量的此类灯具，则人经过时会自动点亮，并延时关闭，避免了夜间开灯不方便及灯光对他人的影响。

3．远程控制

随着人们生活水平的不断提高，对家居生活环境要求的不断提高。家庭居室照明不仅仅作为一般功能照明，可结合住户需求达到一些特定控制效果。如可结合智能家居手机 APP 的应用，可将智能灯光控制模组集合至手机智能家居应用中，可远程开启及关闭家内的具有智能灯控的任何灯具，可配合家庭安保系统联动开启特定区域的照明，可配合家庭远程监控远程开启、关闭家庭的照明，达到一定的安防作用（图 11-1、图 11-2）。

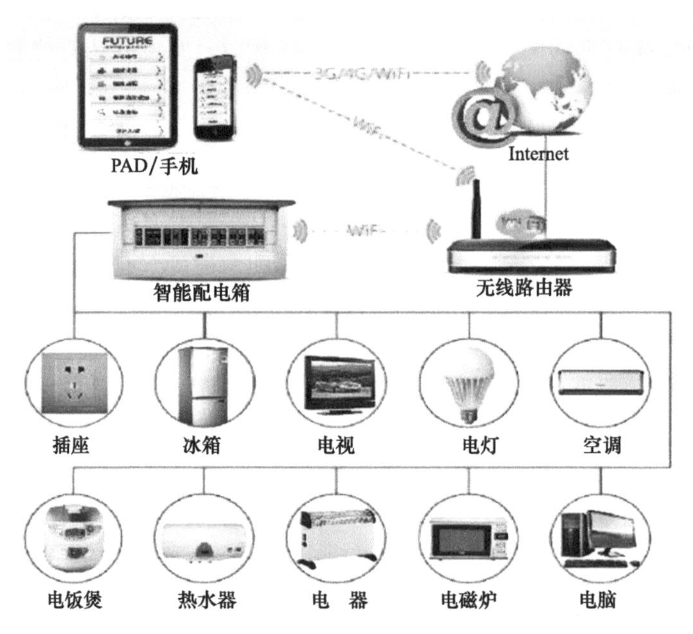

图 11-1　智能远程照明控制示意图

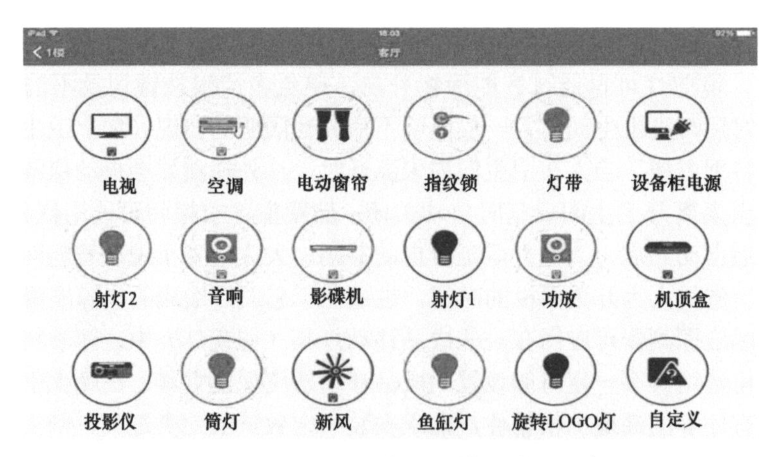

图 11-2　手机 APP 远程照明控制界面示意图

4. 个性化的定制控制

由于现代家庭家居，随着生活节奏的加快，一个家庭居室也可能在不同的使用人群中变换，这就要求家居照明控制系统也需要在不需大的改造及布线的基础上，能满足不同人群的控制需求。目前，基于布线及模块系统的设计，前期就需考虑灯光分路的尽可能合理、尽可能按灯具种类细分，这样以后基于有线或无线通信的技术，则可根据分路进行任意灯光控制组合，满足各类需求。将来随着物联网技术的发展及物联网型灯具的广泛应用，则会给予个性化定制控制以更大的空间就可能。

11.2.3　空调设备系统概述及实现目标

1. 设备控制

众所周知，只要通过空调设备运转模式以及温度，做简单设定，开启空调，空调便能自动运行，是室内温度达到设定要求。现如今，随着人们对家居环境要求的逐步提升，简单的手动控制已无法满足要求。通过配置远程操控系统，可以实现对室内空调设备的各种智能控制。

（1）远程控制。即便不在家中，也能通过软件，利用手机或者电脑，随时随地控制家里的空调、地暖、新风设备。晚上下班前想提前打开家中空调，或者早上出门后，想关闭家中开着的空调，都能轻松实现。

（2）情景模式。在家中聚会、运动、阅读或者睡眠，可以根据不同的情境，设置对空调不同的需求，实现不同房间、不同情境的随意切换。并且通过智能家居的集成控制，可以与家里的灯光、电动窗帘、电视、声响联动控制，一键开启智能生活。

（3）时间设定。可以通过软件，设定空调设备在一天中开启与关闭的时间段。根据在家中对空调的使用情况，提前设定好每一天的启闭时间，拥有更为轻松自在的生活。

2. 温湿度控制

（1）温度控制。家居环境一般来讲，不会出现不同房间，需要同时制冷和制热的情况，因此家用中央空调的选择，只需要满足同一工况的运行模式即可。但家中年长者容易湿寒，小孩容易感冒，女性对温度比较敏感，男性则比较贪图凉爽，体感温度不尽相同，会对空调温度的设定有不同的要求。家用中央空调，通过对不同房间室内机的温度进行设定，让不同年龄不同性别人群都能达到相对舒适的温度环境。

（2）气流控制。一般情况下，需要通过对空调室内机位置及送风形式的合理设计，让室内的空气调节气流，达到一个舒适的状态。而如今，这一功能完全可以由智能型的空调室内机，自我实现。通过在空调设备上设置人体感应探头以及对室内地板温度感应装置，可以自行调整空调送风的角度，既能避免人体受风直吹的现象，又能实现自上而下的一体舒适感受。甚至当人体感应探头探测到房间内无人员活动时，可以自动调节室内温度设定，避免能源浪费。

（3）湿度控制。夏季，特别是南方的梅雨季节，空气湿度大，室内容易发霉，衣物潮湿不干，人体闷热不适。因此，家用中央空调对湿度的控制，显得尤为重要。通过在室内设置湿度传感器，在室内湿度超过设定湿度是，空调室内机，在普通温度调节的基础上，增加对湿度的控制，自动开启除湿模式，不仅在高温的制冷季实现降温除湿，也能在梅雨季节等高湿环境实现滤湿不降温的效果。

3. 空气品质控制

（1）室外空气污染。PM2.5 是大气中直径小于或等于 2.5 微米的细颗粒物，又被称作可吸入肺颗粒物，是室外大气中危害人类安全的主要污染物。由于空调房间的相对密闭性，无论是空调设计规范还是行业内的一些卫生标准，都要求空调房间必须引入一定量的室外新风，这些微小的细颗粒物无可避免地也进入了室内。

（2）室内空气污染。除了由室外进入的空气污染物以外，室内本身也会有危害人类健康的挥发性有机化合物，俗称 VOC。例如家居地板挥发的甲醛、苯、二甲苯以及吸烟产生的大量有害的 PM2.5。如果不能有效地去除这些有害物质，那待在一个封闭的房间内，对人体的危害是不言而喻的。

（3）空气净化系统。通过在室内设置 PM2.5 检测传感器，与新风机组联动。新风进入口首先设置高性能过滤网，可以阻隔颗粒较大的灰尘以及汽车尾气中的二氧化硫、二氧化氮等有害气体。接着在新风机设置高压静电及催化耦合功能段，让 PM2.5 等颗粒物带上正极电子从而被捕获的同时通过静电与耦合，利用大气中本身就含有的，以及高压静电释放的臭氧，对甲醛、苯等 VOC 进行催化氧化分解，有效去除上述有害物质。

11.3　环境子系统主要技术指标

家庭室内照明方式主要可分为整体一般照明、局部重点照明和混合照明。照明类型依据散光方式可分为直接照明、半直接照明、间接照明、半间接照明和漫射照明。整体一般照明是一种功能性的均匀照明，将灯具均匀布置在天棚上，使整个空间光线明亮，照度均匀。局部重点照明是采用集中有效的照明，把光线集中投向某一局部，使局部区域照明区别于其他部位，在局部产生动态感。在室内照明中广泛采用的是混合照明方式，把整体一般照明与局部重点照明有机结合起来，在功能性照明的基础上加强室内局部区域、装饰物、家具等的照明，在满足使用功能的前提下，使室内环境产生不同层次感，增加生动活泼的效果。

由于大户型的家庭住宅有多个功能空间的照明需求，包括客厅、餐厅、卧室、书房、厨房等，设计时根据不同的环境用途和照度要求，采用不同的照明方式、光源及灯具类型，通过运用不同的光源、光色、照度等变化，来制造气氛和环境，达到调节和改善空间效果的作用。

1. 门厅与客厅

该空间可根据不同的使用人群及爱好选用不同类型及色温的光源。如一般情况下可采用 LED 灯、紧凑型节能灯（荧光灯）、作为主照明光源。灯具形式可选用花式吊灯、不同样式的水晶体挂件吊灯、带磨砂罩的灯盘等。考虑到为室内人主要活动场所，灯具色温一般建议采用 4000~5000K 偏暖色及日光色。灯光经过各类吊灯及挂件等透明体的多次反射，光线变得柔和且无眩光，再配以大面积的暖色点光源照明，会显得热烈而华丽。

2. 卧室

作为人们休息、睡眠的场所，具有一定的隐秘性，这时的照明设计应柔和、温馨，方便休息和睡眠。在卧室中的照明设计中，可采用混合照明方式，在顶棚上安装有二次反射的吸顶灯作为整体照明，以防止眩光的发生，同时使卧室充满恬静和温馨。对于睡前有阅读习惯的人，可设置床头灯或壁灯来配合局部照明，还能增加室内光线的层次感。

3. 书房

书房是人们工作和学习的场所，光照应安静、平和，还必须有足够的亮度，在需要重点照明的部位，如书桌面上，可使用长的吊灯来加以强调。为了避免产生眩光，可使用带罩的台灯，再用吸顶灯来提高整体的照度。在书橱部位为方便寻找书籍，可设小型的射灯，使光色均匀，柔和。在挂面等装饰处，可用亮度不大的射灯或壁灯加以突出，以强调装饰品的美感。

4. 餐厅

对于人们进餐的场所，照明设计应热烈、明快，以突出浓厚的生活气息，如果使用暖色（如 3000 ～ 4000K 橙色光）的悬挂式吊灯，再使光线照射在餐桌范围内，可以在划定进餐区域的同时，增强食物的美感，提高进餐者的食欲。对于顶棚没有造型的餐厅，也可使用较为集中的嵌入式灯具，形成明亮的空间环境，达到突出进餐气氛的目的。

11.4　环境子系统主要设备选型

11.4.1　电动窗帘的分类及设备选型

市面上现有的电动窗帘概括为以下六种：卷帘、平开帘、百叶帘、百褶帘、风琴帘和罗马帘。不同风格的窗帘使用的面料会不同，自然会产生不同的效果，以满足多样的使用需求（图 11-3）。

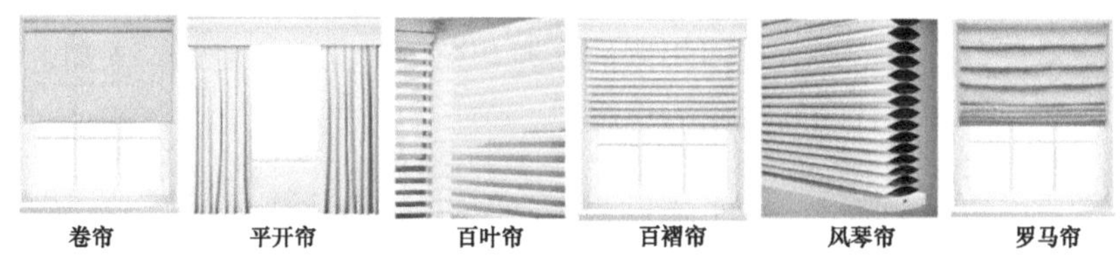

图 11-3　电动窗帘的分类图

下面分别对几种窗帘的特点及其适用性进行阐述。

1. 卷帘

电动卷帘最大的特点是占用空间少，窗帘可紧贴卷管全部卷起，且电机隐藏在卷管内，不占用额外的空间；其次有多款面料可供选择（3%遮阳、5%遮阳、全遮光等），面料在材质和图案上均有不同的选择。此外，大面积窗的多幅电动窗帘可同时打开和关上；再次是运行稳定，噪声小，使用方便。该款窗帘几乎能适应任何房间的要求。

2. 平开帘

平开窗帘最大的特点是开帘方式多样包括向左拉，向右拉和从中间拉，其中较大面积的窗可采用轨道拼接的联动系统。此外，对于特色空间的非直线窗型，可根据需要定制弯曲轨道；其次是平开帘具有优美的打褶形式，包括标准褶帘和波浪形褶帘两种；再次是平开帘的多选用厚重、垂坠感强、遮光性好的面料，再配以薄纱，更具有层次感。该款窗帘多用于卧室空间。

3. 百叶帘

百叶帘最大的特点是轻盈、通透，让日光最大程度渗入空间的同时不至造成阳光直射的不适感。该款窗帘多用于客厅、餐厅等的空间。

4. 百褶帘

百褶帘最大的特点是其特有的折叠结构造型，使遮阳、反射太阳光面积较其他窗帘大 1.3 倍，因此遮光效果好，同时，它还具有良好的隔声效果。

5. 风琴帘

风琴帘是类似于手风琴形的折叠帘。风琴帘一直流行于欧洲，近几年传入中国后被经常应用于别墅、阳光房和家庭居室，经过专门加工的面料具有弹性，尺寸精细，有各种流行颜色。

风琴帘也叫蜂巢帘，独特的蜂巢设计，使空气存储于中空层，令室内保持恒温，可节省空调电费。其防紫外线和隔热功能有效保护家居用品，防静电处理，洗涤容易。拉绳隐藏在中空层，外观完美，让客户使用起来比传统装置更加简单实用。电动风琴帘是室内的高档遮阳装饰用品，电机采用直流电机驱动，电机体积小，功率小，噪声小，性能稳定、安全可靠。

全遮光风琴帘具有隔热和隔声功能，能有效保持室内恒温和空间清静，有效保护隐私，还有半遮光设计，主要用于餐厅、浴室及车库的窗户上。半遮光风琴帘是经典百褶帘与全遮光风琴帘的结合。克服了百褶帘因高度和重量的增加而导致帘身伸直的弱点，使得帘身上下保持一致，颜色浑然一体。

风琴帘能满足多种类型家庭窗户的需求，产品有各种颜色可供选择。不论是转角窗、椭圆弧形窗还是落地窗、斜面屋顶窗，甚至头顶天窗，风琴帘均可为它们披上一层华丽的外衣。

6. 罗马帘

罗马帘独具欧洲古典风格，装饰感极强，款式多种多样，主要有常规式和水波式。具有遮阳、隔热、防尘、透风、舒适、凉爽等优点，挂在室内，产生一种古朴和谐之感，令人心情舒畅。

11.4.2　智能照明控制系统主要构成及设备选型

智能照明控制系统主要由输入单元、输出单元和系统单元三部分组成。

1. 输入单元

包括输入开关、场景开关、液晶显示触摸屏、智能传感器等，将外界的各类变量信号转变为网络传输信号，在系统总线上传播（图 11-4）。

(*a*)　(*b*)　(*c*)　(*d*)

图 11-4　输入单元主要部件

(*a*) 按键式智能开关；(*b*) 多功能场景开关；(*c*) 液晶显示触摸屏；(*d*) 红外、移动感应探测器

2. 输出单元

包括智能继电器、智能开关量及调光量模块，收到相关的信号命令，并按照命令对灯光做出相应的输出控制动作（图 11-5）。

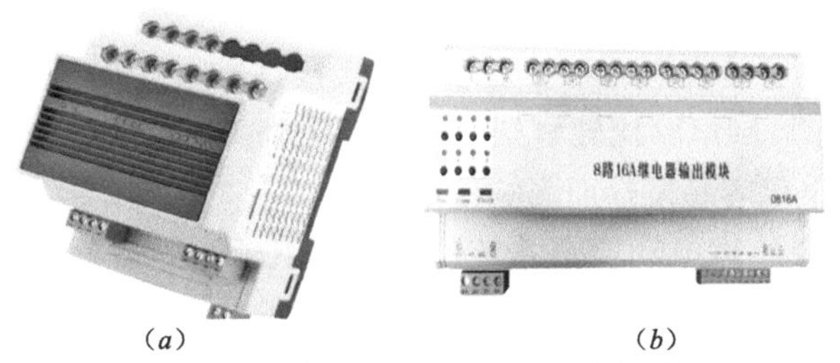

(*a*)　(*b*)

图 11-5　智能开关量及调光控制模块

3. 系统单元

包括系统电源、系统时钟、网络通信线、通信协议、中央处理器等，为系统提供弱电电源和控制信号载波，维持系统正常工作（图 11-6）。

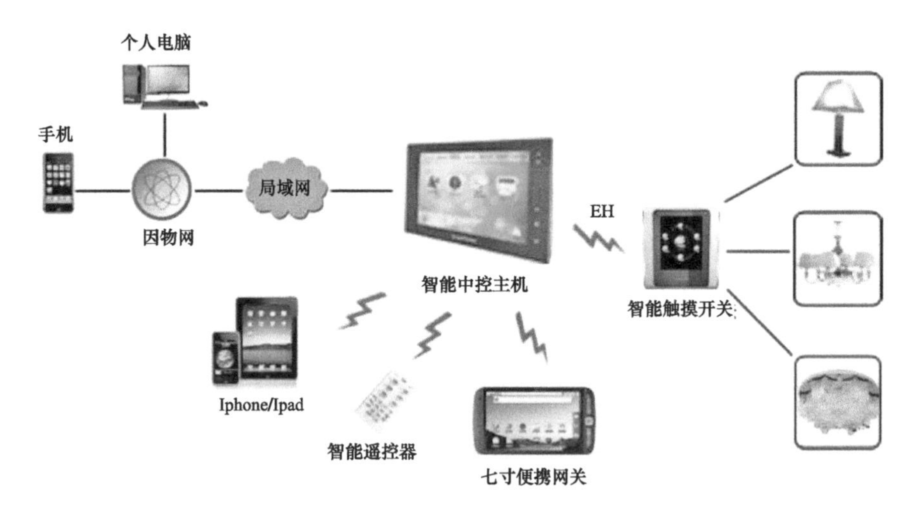

图 11-6 家庭智能照明控制系统组网示意图

智能照明系统作为智能家居系统的一个重要子系统，具有高效节能、管理简单、控制多样、成本较低和容易进入市场的优势，智能照明系统能控制不同生活区域不同场合的各种照明效果，轻松解决家居节能问题、提高生活品质。

11.5 环境子系统主要产品及相关技术

11.5.1 自然采光系统设备及控制方式

1. 电动窗帘电机

电动窗帘的电机采用的驱动方式有直流电机驱动、交流电机驱动和电磁驱动等方式。直流电机一般采用内置或外置电源变压器，安全低能耗，运作时间长电机也不发热，为国际标准。且驱动功率一般较大，能负载的布帘可以达到 40 ～ 100kg，噪声比较小，特别是负载后比空转声音更小，另外其控制电路比较简单，一般都是内置接收器，不需要单独外接接收器。交流电机驱动方式可直接使用 220V 电源，控制电路比较复杂，一般都需外接接收器，且不太安全；虽驱动功率较大，但电机容易发热而影响使用寿命。

市场上已有超静声电动窗帘系统，并配以电子驱动器等硬件，操作几乎无声，在额定距离为 91mm（3 英尺）时噪声在 44dBA 以下，它能在管理日光的同时又不干扰到空间里的活动。

2. 光感应器

根据室内环境亮度自动完成窗帘的开启或关闭操作控制，不产生误动作。窗帘会通过设置的环境亮度上、下限自动开合窗帘。用户可根据室内采光情况的不同和需求，自行设定环境亮度调整系数。

3. 控制方式

电动窗帘电机控制方式有强电和弱电（干接点信号）两种；一般的卷帘，罗马帘使用强电控制，开合帘一般使用干接点信号控制。有就地开关面板、遥控和集中控制三类控制方式。

遥控布线最简单，在窗帘盒内布一组电源或一个插座即可。目前市场上常见的电动窗帘的两种遥控模式：无线遥控和红外遥控，前者遥控的距离可达到 30m，后者在无遮挡的情况下也有 10 ～ 20m；就地开关控制的话，在电动窗帘盒内布一组电源，再从窗帘盒内布两组组 3×1RVV 线（强电）至开关底盒；集中控制的话，在电动窗帘盒内布一根网线（弱电）至集中控制箱。将电动窗帘系统纳入到智能家居控制系统中来，可通过多种智能方式实现电动窗帘的智能化控制。

电动窗帘控制窗帘开、闭的方式主要有以下四种：时控工作方式，即在主控器上设置好开关时间，清晨拉开时间到，窗帘徐徐拉开，傍晚关闭时间到，窗帘自动关闭。临时拉开或者关闭，只需使用遥控器，轻轻按一下“打开”或者“关闭”按键即可；半自动手动控制：半自动手动控制是在打开或关闭窗帘的时候，只需要按下停止键后，窗帘立即停止；智能化的亮度控制：窗帘的打开或者关闭是主控制器通过测试环境亮度完成的自动控制，“天黑关闭，天亮打开”具有智能管理的方式，不产生误动作；手动控制：使用红外遥控器直接控制窗的拉开或者关闭。因为控制是通过人工完成，故称为手动控制，即手动控制执行电机正转、反转和停止。

11.5.2　人工照明系统的通信方式

智能照明系统通信方式分为有线通信和无线通信两类。

1. 有线通信方式

从 20 世纪 70 年代起，以有线通信方式为研发基础，国外智能家居行业出现了以电力线载波的 X-10 和 CEBUS 及 EIB/KNX 等现场总线通信协议。其中用电力线作为网络信息的传输介质的优点是：不需要另外布设电缆，降低施工难度；缺点是传输速率只有 300kbps，难以满足视频和声频信号的传输，保密性差，接入设备昂贵等。目前国际最有名的就是 EIB/KNX，也就欧洲总线技术，如 ABB、施耐德、西门子等国际品牌都采用此总线技术。

有线技术数据传输可靠性强、传输速率高、抗干扰性强、不受环境影响，因此功能稳定是总线技术的最大优点。但是“稳定”的另一面意味着不太方便改造。有线通信技术的产品采用集中另外布线的方式，通常造价较高，工期较长，售后维护复杂。在房屋装修期间即预先走线安装，若线路损坏，家居设备控制出现故障，维修成本颇高。繁琐复杂的布线，安装施工问题多，系统功能固定，扩展性差等问题导致有线智能家居厂家的产品一般适用于前装市场。

2. 无线通信方式

无线通信技术有：HomeRF（无线射频）、红外、ZigBee、WiFi、蓝牙等。HomeRF主要应用于实现对某些特定电器或灯光的控制，成本适中，但系统功能比较弱，控制方式比较单一，且易受周围无线设备环境特别是同频及阻碍物干扰和屏蔽。红外技术成熟、稳定性好但存在传输距离短、通信角度小等问题。蓝牙传输距离短、连接设备有限，一个蓝牙网络最多接入有1个主设备和7个从设备，而理论上ZigBee组网连接设备数最多可以达到65536个，WiFi也能达到256个。”

目前市场主流采用更多的是ZigBee和WiFi通信方式。据了解，WiFi的优势是技术研发门槛低、产品成本低、产品接受度高，但问题是产品安全性较低，稳定性常为人诟病，由于其功耗较高，WiFi不适用于智能家庭必不可少的传感器、警报器、红外转发控制器、各种控制面板等智能家居系统产品内。相对于WiFi技术，ZigBee技术得益于在工业领域的积累，体现在智能家居系统应用上的优势非常明显。功耗低、组网能力强、安全性高，至今为止，ZigBee技术在全球还没有发生一起破解事件。但是ZigBee产品开发难度大、开发周期长，一般的初创企业很难承担开发风险。

无线智能家居的产品特点在于无须纷繁复杂凿墙网络布线，就能简单安装并且灵活性高，设备可自动组网，扩展性强，功耗低，成本低，符合现代绿色环保理念，维修服务方便。国内知名智能家居品牌的产品如小米、艾特智能等均是采用无线通信技术。

11.6 环境子系统商业模式

一种技术要在智能家居消费市场上取得成功，必须拥有如下这些特性：用得起、易用、可靠、灵活、长寿及互操作。现在，所有的智能家居系统通信方式都有一项或多项不足，不过拥护者在不断致力于解决这些缺陷。有线产品的成熟及高稳定性，无线的方便快捷及可扩展性，两者相结合才是现今智能家居通信方式的最优方案，合作才有未来。就目前看来，智能家居的基础领域（如灯光及摄像头监控）还是应该尽量选择有线系统来实现智能控制，毕竟只需要多布一根线就可以大大地提高系统稳定性，还是值得的。家里的照明，使用频率高，而且需要持续多年使用，所以对产品质量的稳定性要求很高。适合无线的场景应用，就用无线，比如窗磁门磁。家庭安防、影音娱乐及居家生活等较为新兴的非基础领域，可考虑采用无线的控制方式。以有线系统为主干，无线系统作为补充和延伸，二者有机的结合，各自发挥其优势。当然，要实现有线系统和无线系统的有机结合，首先就要求两个系统基于同一种通信协议，这样才能很容易的实现彼此互通互联。随着《家用及建筑物用电子系统（HBES）通用技术条件》CJ/T 356—2010 的发布，作为智能家居行业标准统一方面的探索尝试，将推动行业向规范、统一的方向发展。

第 4 篇　智能家居典型案例

第12章　典型案例1：别墅客户

12.1　客户分析——业主家庭背景简析

1. 关键决策人：女主人

Z女士，贸易公司CFO，与丈夫共同创办对外贸易公司。个性温文尔雅，为人随和，理性的同时也有一定感性因子，时间观念强，但很体贴包容人。

喜欢旅游、美食，爱喝咖啡，喜欢与家人朋友聚会；注重细节和每次面谈的效率，能倾听、接受新鲜事物和分析问题的能力特别强；能尊重专业人士意见，喜欢就某个问题提供专业的利弊分析后，由她做决定的决策方式，每次讨论都有阶段性的结论批注和逐渐排除的疑虑。

喜欢的别墅生活方式是时尚、上档次、品位又耐看。主要以休闲、温馨、舒适为主。此套房产目前多用于度假，未来考虑用作夫妻两人的养老居所。希望能将装修与智能融合起来，做出匹配身份和年龄的效果。总体喜欢既安静又其乐融融的生活方式。

2. 男主人

Z先生，身材魁梧，非常和善，不拘小节，看得出非常爱太太，太太喜欢的怎么样都可以。希望装修上档次、安全、实用、有底蕴。爱喝茶、爱抽烟、保温茶杯不离手，喜欢红木家具（升值空间、厚重）。智能方面随太太喜好，不干预太太决策。

12.2　设计定位——功能与布局

根据业主的户型和功能需求，设计上大致分了以下方向来满足业主需求，提升客生活质量，强化设计方案的优势，凸显专业度！

设计关键词。

1. 安全：安全是第一需求

（1）人身与财产安全：这一块一般分为室内和室外两大部分，室外的属于围界安防的情况，根据业主的安防级别要求，可有多种不同的设计思路，在本方案中，因为业主对小区整体治安还是比较放心的，所以仅选择了基于视频监控的警示防范方案，以室外防水枪机实现覆盖全宅周边私家环境的视频监控即可。配合硬盘录像机，24h记录房间外围影像，以供查看。

（2）设备运行安全：因为房子均带有下沉式天井，小区内邻居曾经出现过因为提升泵不工作而导致雨水倒灌入地下室的情况，导致业主产生不必要的损失，所以该方案中有专门考虑水的安全；同时针对厨房的用气情况也一并给出了防范措施，一旦发现有气体泄漏，将会自动关断，同时通知业主。

2. 稳定：稳定是一切的前提

设备稳定可靠的运行，不打扰业主的生活，要不然就不是智慧生活。

3. 舒适健康

（1）舒适管理，基于前面两个因素外，通过智能化系统的管控，为业主提供一个舒适的健康的生活环境，主要是通过对光线管理、空气管理、温度与湿度自动化管理实现。

（2）健康管理，主要是通过传感器对于房内环境的实时监控，实现针对有害气体的管理，保证空气一直处在一种比较健康的状态下，进而改进人体的健康。

4. 节能

（1）通过智能化系统的自动化管控，可以有效地降低空调等大用电量设备的能源消耗，提高能源利用率。

（2）通过屋顶加装太阳能光伏发电系统，这也是国家大力推行的新能源政策，即节省了对电网电力的消耗，同时还能区得国家、地方和电网的三重补贴，利国得民，一举多得！

5. 炫酷

因为业主有打算自己公司的一些小型的活动会放到该别墅内进行，希望能有一些炫酷的灯光和影音效果，所以配合智能化系统做了娱乐模式场景的管理。

6. 可扩展性 / 兼容性

（1）一个是功能上的可扩展，因为该方案采用的是基于 Zigbee 技术的无线系统，功能的可扩展性是其最大的优势。

（2）二是空间上的扩展，空间上的可扩展性与功能可扩展类似，只要是无线产品，在这些方向都是强项；

（3）三是时间上的兼容性，要满足房子在飞速发展的技术时代，在未来 5 ～ 10 年内能基本满足对大数据通信的需要，所以房内的无线局域网的设计要做两方向考虑，一是以视频为主要应用的大数据流量的支撑，比如 8K 高清视频的多路并发传输；另一个是无线 WiFi 信号的全宅覆盖。

当然，网络属于基础设施，要好好帮业主规划，考虑到房子是带地下室的独栋别墅，网络通信需求涉及两个层面，一个是手机信号的地下室延伸覆盖，另一个就是上面讲到的 WiFi 无线网络的覆盖以及全屋有线网络的需求，同时要兼容可能针对 IPTV 应用的特殊情况考虑。

12.3 设计方案

考虑到以上基本的设计原则，结合业主的需求和房子的实际情况，从功能性的角度给出了以下设计方案：

1. 地下室

（1）影视厅（开放式）：5.1 影院＋卡拉 OK ＋星空顶＋电动窗帘＋智能灯光＋智能影院控制＋网络覆盖。

（2）健身房（开放式）：背景音乐＋新风除湿＋网络覆盖＋手机信号覆盖。

（3）棋牌室（男主人）：空气管理＋网络覆盖＋手机信号覆盖。

2. 一楼

（1）厨房：燃气＋溢水检测。

（2）餐厅：智能灯光＋背景音乐＋电动窗帘＋网络覆盖。

（3）客厅：智能灯光＋安防＋电动窗帘＋网络覆盖。

（4）过道：智能灯光。

（5）卧室：智能灯光＋安防＋紧急按钮＋网络覆盖。

（6）楼梯：智能灯光＋安防＋可视对讲。

（7）花园：监控摄像＋网络覆盖。

3. 二楼

（1）楼梯：智能灯光＋安防＋可视对讲。

（2）起居室：智能灯光＋网络覆盖。

4. 三楼

（1）楼梯：智能灯光＋安防＋可视对讲。

（2）主卧：智能灯光＋背景音乐＋电动窗帘＋网络覆盖。

（3）书房：智能灯光＋网络覆盖。

（4）衣帽间：智能灯光。

（5）主卫：智能灯光＋背景音乐＋网络覆盖。

12.4 业主消费能力及关注的需求点

（1）希望超前 3 ～ 5 年的设计，注重系统稳定性和可拓展性，具有较强的消费能力，希望全包的方式，初步分析预计在 20 万左右较为容易。

（2）产品稳定性、服务品质、工期把控、施工质量（已看过我们展厅与案例展示，建立相对较好的信心）。

（3）设计效果实用、有品位，经得起推敲和后期系统升级及场景更换。

（4）服务团队的执行力和对细节的把控，工程技术的能力、售后保障体系。

第 13 章　典型案例 2：智慧办公

13.1　综述

根据智能家居系统分为：

家居控制系统、家居安防系统、可视对讲系统、家居监控系统、背景音乐系统、影音娱乐集中控制系统、数字服务系统、远程控制系统 8 大系统。而我们主要是对安全性和舒适性的综合考虑，所以智能家居系统的关键是家居，安防系统、家居监控系统、家居控制系统等。

关键问题是：能为住户、办公营造一个安全、舒适、简洁的生活环境。

本项目为智慧办公智能化系统改造，智能系统做到如下功能。

（1）安防系统；

（2）监控系统；

（3）智能灯光系统；

（4）智能背景系统；

（5）环境空气检测系统；

（6）家电控制系统。

13.2　系统阐述

13.2.1　安防系统

安防系统安装红外人体探测器、烟感感应器、漏水感应器，会客室与办公室发布安装探测并起到全部预警；安防解决方案可以给用户最好的防护，让用户无忧无虑。

安防解决方案不仅使用被动红外（PIR）探测器、烟雾探测传感器、门磁、水漏检测探测器等等的被动系统，而且还有主动系统。这些主动的方式可以是模拟有人在家的场景防止非法入侵。例如，你不在家的时候系统可以控制窗帘、电灯的开和关、播放有人在家的声音等等。另外，安防摄像头可以把实时图像传送到你的 iOS/ 安卓设备上。其他的安防设备还有紧急按钮、烟雾警报、燃气探测器等等。

13.2.2　监控系统

监控系统主要由前端监视设备、传输设备、后端控制显示设备这 3 大部分组成。前端监视设备主要是有摄像头组成，后端控制显示设备，在这里是 PAD、手机或 PC 显示。家居监控系统可以让您轻松地通过智能中控器、PDA、甚至是电视机来查看屋内和屋外的情况，随时掌握周边实时情况。监控系统预设在会客室门顶安装摄像机起到到访人员及时查看，并通过门禁系统开启；

13.2.3　智能灯光系统

根据会客室与办公室两个区域的不同，作适合环境灯光亮度的调节标准，起到以人为本宗旨，通过无线开关控制模块、无线调光控制模块与智能网关控制 LED 平板灯调节亮度，并光照度传感器联动感知外部光感实时调整亮度，适合办公工作环境。

照明对所有的住宅来说，照明都是非常重要的一个功能。它给日常生活提供基本的光线，也可以通过调光和改变颜色来烘托各种气氛。现代低功耗照明 LED 与传统的灯泡相比，低功耗照明可以降低 90% 的电量消耗。智能家居照明系统可以自动打开或关闭电灯，或者调节灯光亮度。通过一个智能开关面板、iOS 或者安卓设备控制所有的电灯。

13.2.4　智能背景音乐系统

智能背景音乐系统可独立听取音乐并通过手机软件（APP）推送歌曲，同时可安防系统联动在人员离开布置安防，外部人员侵入触发安防推送信息到手机软件（APP）并联动开启背景音乐声场起到震慑入侵不法人员。

13.2.5　环境空气检测系统

空气质量探测器可检测到空气中温度、湿度、二氧化碳、PM2.5、VOC 有毒气体等实时关注环境空气，全方面为高端办公室服务照顾您的健康。由于现在建筑的气密性越来越好，使得建筑物自身通风能力非常小，家具、地毯上的灰尘，皮屑、甲醛、苯、二手烟等的异味，无法正常排出室外，给人体健康造成极大危害。

如果你的房子是新装修的室内新风系统：将室内污浊的空气排出去，将室外过滤后的新鲜空气引进来，不开门窗，也能 24h 不间断地进行空气置换，时刻保持室内空气洁净新鲜，保证充足的睡眠。

如果你在公共办公场所办公室空气不流通、污浊，氧气含量低，长期在空气质量不好的环境中工作，容易导致头晕、胸闷等不适症状，大大影响工作效率。

新风系统新鲜空气的不断补充，使办公室得到充足的氧气，缓解疲劳，提高工作效率。

如果你家中有老人小孩儿童的身体正在发育中，免疫系统比较脆弱，新风量不足导致二氧化碳浓度过高，会严重影响儿童智力发育，空气污染还会诱发血液性疾病。新风系统去除室内空气污染，不间断的提供新鲜空气，能帮助大脑细胞更快更好的发育！老年人，随着年龄的增加，身体免疫力不断下降，如果不能获得足够的含氧量容易诱发高血压、心血管等疾病。健康环境工作人员表示，新风除尘系统旨在为家人创造更好的居家生活和工作条件。为室内提供高含氧量洁净新鲜空气，使身体各器官获得充足营养而健康生活。在学术实验中空气质量探测器检测相关数据，如湿度、温度、VOC 有毒气体、含氧量等等，为控制连读新风空调等有精确依据。

13.2.6 家电控制系统

家居控制系统是对家居常用电器设备、各类照明灯具以及电动窗帘进行集中控制的完整解决方案。通过这套系统，你可以利用控制器、遥控器等设备非常方便地对电器、灯具进行操作和控制。可任意对所有的家电设备进行远程或者近程的控制。 智能家电控制系统摆脱了传统遥控器控制的现状，从此你不必再面对一堆遥控器而发愁。在家中一部手机（电脑、平板）就可以代替所有遥控器来控制家中电器，操作简单，轻轻松松一键搞定。也可以通过电脑手机远程控制电器。不必为学习众多遥控器而烦恼，不用再在一堆遥控器中苦苦需找，控制家电从此更加简单。

集中控制：一个平板、一台电脑或一部手机便可控制家中所有电器，不必为学习众多遥控器而烦恼，不用再在一堆遥控器中苦苦需找，控制家电从此更加简单一键控制：看电视、看电影一键搞定，不必挨个用遥控打开电器

定时开关：定时开关电视、空调、电饭煲等电器，可定时烧水、烹调等远程控制：出门在外家里电器没有关也不必担心，通过手机或电脑可远程控制。上班归来可提前打开家里空调，回到家便可享受温暖，办公室模拟控制小米电视及监控视频系统控制功能完美诠释家电控制系统这一功能性。

13.3 设计依据

（1）某某智能化工程合同文件；
（2）某某智能化工程施工图纸；
（3）施工中选用的标准；
（4）工程预算书及工料总分析；
（5）国家颁发的现行智能化建筑安装工程施工及验收规范；
（6）施工方对本工程的工期、质量要求。

13.4 安装与设计规范

（1）国际商务建筑线缆标准 TIA/EIA 568A。

（2）国际商务建筑通信基础管理标准 TIA/EIA 606。

（3）国际商务建筑通信设施规划和管路敷设标准 TIA/EIA 569。

（4）《综合布线系统工程设计规范》GB 50311—2016。

（5）ISO/IEC 11801 系列标准 。

（6）IBDN ACS 结构化布线系统设计总则 。

（7）《民用建筑电气设计规范 》JGJ 16—2008。

（8）工业企业通信设计规范。

（9）工业企业通信接地设计规范。

（10）市内电信网光纤数字传输系统工程设计规定。

（11）市内通信全塑电缆线路工程设计规范 12、智能建筑综合布线标准实施手册。

（12）《建筑给排水、电气安装、装饰电气安装工程质监交底要点》上海市建筑工程质量监督站。

（13）《建筑安装安全技术操作规程》上海建筑安全监督站。

（14）施工单位制订的《质量手册》。

13.5 功能拓扑

图 13-1 为办公室改造智能化系统拓扑图。

办公室智能化系统工程是将安防系统、智能灯光、背景音乐系统、环境空气检测系统等智能化系统融为一体的高档智能办公。

13.6 运行效果

智能化系统工程本已智能体验为研究方案，在设计初衷，本着以人为本为人服务态度的智能化，各大子系统不再是独立运作，为整个办公室互通互联成为一体，安防的联动可是设备与灯光融为一体，减少设备节约成本提高效率（如红外人体探测器共用设备），相关实体按键及功能实时在云端为用户服务，无时无刻为你关注空间与时间；不为未带钥匙，人员来访物理上操作解决，智能科技远程（手机软件 APP）开启省去不要的麻烦，用户离开在不需关注所属办公室灯光电器关掉，智能家居网关大脑通过算法规避不必要的浪费能源。该工程完工运行情况如下。

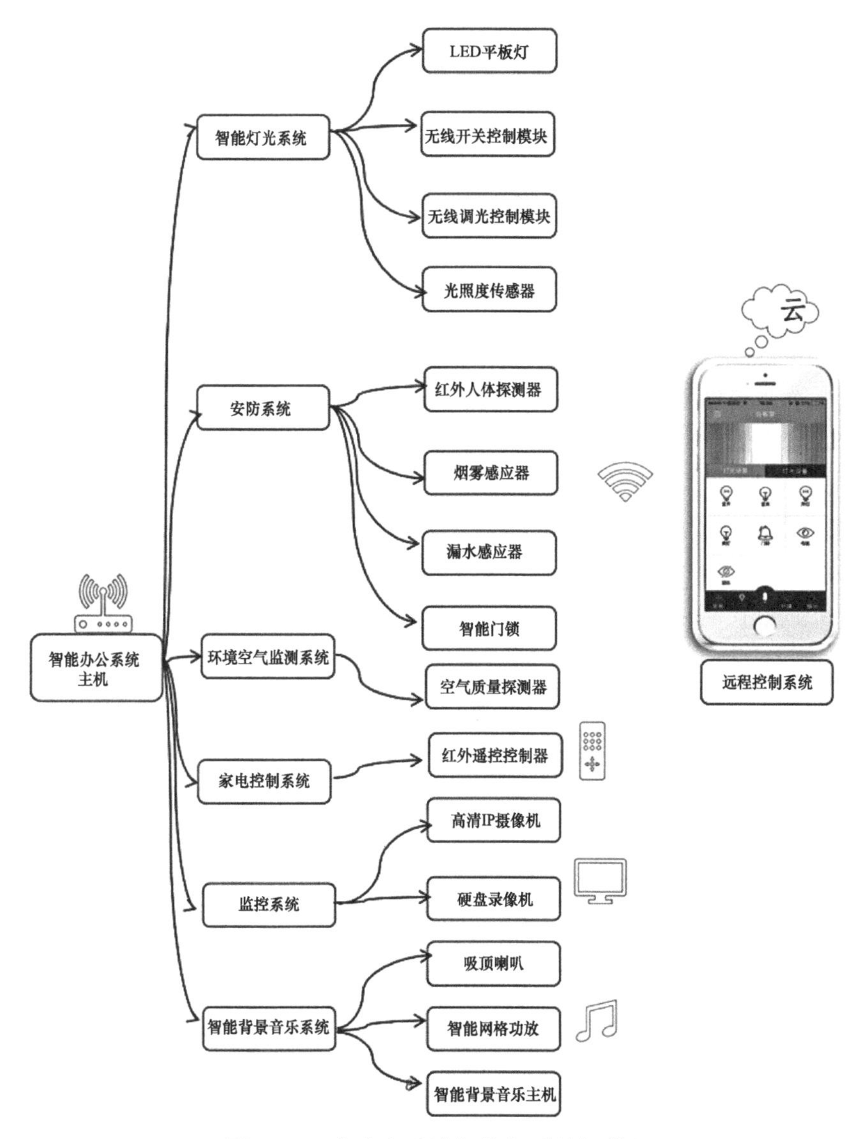

图 13-1　办公室改造智能化系统拓扑图

13.6.1　好的体验

（1）LED 灯光系统替换传统灯光中光照在室内的亮度提升并根据不同外部环境亮度调整自己适应的光照度;

（2）安防系统对办公室防护中外部侵入、火灾、漏水等情况有成效;

（3）智能家居运行实体按键、软件、与小米电视的融合使得硬体设备和数字虚拟为一体的科技感;

（4）智能化系统与灯光及遮阳系统配合后给办公的光线管理带来自动化，健康化的效果，提升办公效率，保护眼睛健康。

（5）背景音乐系统以及灯光的场景化自动控制，为办公环境的改善起了非常大的作用，让设备为人高效服务，发挥了设备应有的价值，降低了手动调节的麻烦。

13.6.2 发现的问题

（1）智能化系统集成度因为现场安装的关系，部分功能没有集成进办公环境中进行深度体验，尚需另寻合适的空间试验；

（2）智能化系统只是办公机电系统中的一个中枢控制部分，需要与网络设计，机电设备，灯具等有深度集成和配合，任何一个环节出现问题，都会导致使用上的不便，比如LED灯在运行过程中适配器的故障导致灯光运行不畅，此类问题需要做智能化方案的过程中，关注点不仅是在智能化系统上，还应就周边设备的质量，效果等做深度测试和验证，选择质量好的产品，才能做出效果；

（3）远程控制，因智能家居系统中实验场地的条件有限，网络不稳定在控制数据传输中丢失；偶尔出现无法控制的情况，该部分需在网络规划时一并考虑，对于新的住宅，网络设计不仅是智能化的需要，也是未来生活方式中必不可少的基础设施，需要结合生活场景和模式，进行系统，科学的规划。

第 14 章　典型案例 3：智能会议室

14.1 项目综述

本项目是一个从传统的泛智能家居方向往行业方向深化的一个案例，主要聚焦于当下的办公环境。

科技与经济迅猛发展这十几年，经历了从 Walkman 到 MP3 再到人手一部的智能手机听音乐；同时也经历了从 CRM 到 ERP 再到现在基于移动互联网的完全可以无纸化办公的阶段。无论是个人的生活娱乐还是办公的效率都得益于技术的提升而拥有了大幅提升。

14.1.1 常见场景

在这几年的越来越频繁的日常商务交流活动中，以下的这些场景大家一定都非常熟悉：

（1）当我们去拜访客户时，精心准备的 PPT 因为对方会议室的投影机接口不匹配而无法展示；

（2）公司产品定型讨论会议，每个人讲完了要把视频线拨下来插到下一个讲解的同事电脑上，线被拉来拉去，难看又折腾，一点也没有一个科技公司的感觉；

（3）频繁的拉动和拔插动作让脆弱的视频线接触不良，常常要按着或要用一个特别的角度才会显示正常，要不然就缺色或画面不稳定；

（4）不同同事的电脑分辨率配置不同，投影机的匹配不能播放时需要电脑上调整半天分辨率，然后可能需要重新调整展示内容的排版布局，费时费力。

14.1.2 存在问题

最后有些重要会议场合为了保证显示效果的统一性，要求大家提前把要展示的 PPT 存在会议室的公共电脑上，结果又带来以下问题：

（1）大家所用的版本不同，原本好好的 PPT 或 Keynote 没有办法准确显示；

（2）会议前突然发现的问题修改后无法及时同步到公共的电脑上，所以在做演讲时还要花费额外的精力来口头订正最新的版本中的修正；

（3）最糟糕的是，这些资料是演讲者的专属科研成果或含有商业秘密信息，公共电脑就成了泄密的窗口。

14.1.3 改进设想

不同的会议类型对会议场景的需求也不尽相同，再比如，无论是技术还是产品的前期头脑风暴还是市场部门的营销策略沟通，均需要现场激发参会人员的头脑来一次面对面的沟通和碰撞，现场在白板上会有大量的书写和讨论，其中就包含需要的一些有价值的内容，让大家如何关注讨论内容和深度思考，而不是一边讨论还要一边尽可能多的做记录，影响参会人员的思考，那么是否可以：

（1）可否做到随意书写，不用担心把前面的书写擦掉后丢失信息？

（2）是否可以做到随时查看任意一段书写的内容？

（3）必要的时候，能否将整个讨论沟通的过程及书写内容全部自动以录像记录，以备日后查看或作为公司资料存档？

（4）会议结束后所有内容能否每个人直接全部以电子版本带走，方便会后总结与思考？

14.1.4 环境问题

以上还是从会议和工作效率的角度看到的一些问题，那么下面的一些情况相信也是日常会议场景中大家都不陌生的问题：

（1）冬夏季刚进入会议室时温度不是冷就是热，空气质量也不太好，要么憋气，要么冬天搓手、夏天摇扇。

（2）会议时间一长，尤其是参会人员比较多的会议情况下，大家都变得头脑晕晕，这不单纯是用脑累的，与二氧化碳浓度升高，含氧量下降有关系。因为多数的会议室可能对于通风的要求考虑的不太够，或者即使是有通风设施什么时候启用也是个问题，一忙起来大家就忘了。

（3）会议结束后，一屋子的凌乱，常有灯光或投影一晚上没关的情况，即不利于绿色节能，也不安全；

（4）会议结束时忘了关空调。

14.1.5 效率问题

从公司管理者的角度来讲，也有一堆问题，不能很好地找到适合自己的答案：

（1）会议室安排多少合适？怎么总是开会的时候找不到合适的会议室？

（2）会议有开始没有结束，时间计划总是被超越

（3）会议室的大小配比合适？如何尽可能避免 3 人用 10 人的大会议室或 10 个人挤在一个小会议室内拥挤的开会。

再进一步，目前的会议室越来越重视个性化和健康考虑，一个身高 1.6m 的

女孩和一个身高 1.8m 以上的大个子对于会议桌椅的高度要求肯定是不一样的，一个合适的高度需要因人而异的会议桌椅也非常重要。如果坐着开会累了，我们是不是可以站起来，当然桌子也要升到所需的高度，才能不影响工作。

以上这些问题，就是这个项目要解决的问题。

14.2　设计思路

这是个试验项目，所以设计思路非常直接简单，基于当前的智能化技术和产品，与办公家具结合，面向会议室的场景集成应用。

这是一个典型且深度集成的项目，原本传统的智能控制系统主要利用到以下几个方面：

灯光控制：全部灯光实现调光控制。

窗帘控制：电动窗帘，主要在会议场景时配合灯光提供舒服的可视环境。

环境感知：收集每一个会议室的温度，湿度，PM2.5，CO_2 含量，VOC，光照度等环境参数，为与会者提供一个健康舒适的会议环境。

空调控制：自动空调控制，实现节能和延长设备寿命以及舒适环境的统一。

新风控制：自动控制会议室的空气氧含量，让与会者保持良好的精力状态。

空气净化控制：自动空气质量的控制，保护与会者的身体健康。

投影控制：根据使用情况自动进行投影机的管理与控制，提交会议效率。

无线投屏幕：为与会者提供无关电脑品牌，无关屏幕分辨率，也无关接口的无线传屏解决方案，简单拔插即可实现多人同时投影，提高会议效率。

会议大屏幕控制：一款更高档的会议展示与讨论白板综合系统，同时可兼作视频会议系统以及录像系统。

可视会议系统：专业的视频会议系统控制。

场景式控制：提供会议模式，会谈模式和自定义模式，简单高效。

电子雾化玻璃控制：兼具时尚与隐私考虑。

可升降会议桌椅集成：保护与会者长时间会议时的身体健康，提高会议效率。

会议预约系统集成：提前预约合适的会议室，并对会议室进行自动化管理和参会人数的自动化签到及会议内容 / 纪要分发。

数据统计与可视化：为公司管理者提供会议室的使用情况，大小匹配是否合理，会议室数量是否够用等参数，以优化公司会议室间的管理。

因为本项目尚涉及部分商业秘密，暂不能详细展开描述，但是作为一个智能化行业真正深度行业化应用的案例，为智能化的未来发展方向提供了一个非常好的示例性应用。

综合以上典型案例，可以得出以下结论：

（1）智能化项目是一个全生命周期参与的工程，从室内装修的设计之初，甚至建筑规划之初就需要介入，介入得越早，方案的设计合理性和可靠性越好。

（2）智能化项目的三个关键阶段分别是设计，施工，和售后维护，具备这三个层面服务能力的企业才是市场和客户真正需要的。

（3）智能化的用户体验往往只跟设备部分相关，更重要的是在人与人的服务过程中带给客户的服务体验更有说服力。

参 考 文 献

[1] 李子旭，张铁峰，顾建炜. 智能家居及其关键技术研究［J］. 电力信息与通信技术，2015，13（1）：67-71.

[2] 詹良. 基于 ZigBee 技术的智能家居无线网络系统［D］. 北京邮电大学，2008.

[3] Bharathi B, Chatterjee S. A Cost Effective Implementation of a Voice Assisted Home Automation System[C]//Applied Mechanics and Materials. 2015, 704: 390-394.

[4] Johanson B, Fox A, Winograd T. The Interactive Workspaces Project: Experiences with Ubiquitous Computing Rooms [Version#2, 4/11/02][J]. 2002.

[5] Coen M, Phillips B, Warshawsky N, et al. Meeting the computational needs of intelligent environments: The metaglue system[C]//Proceedings of MANSE. 1999, 99: 210-213.

[6] Kientz J A, Patel S N, Jones B, et al. The georgia tech aware home[C]//CHI' 08 Extended Abstracts on Human Factors in Computing Systems. ACM, 2008, 3675-3680.

[7] Brumitt B, Meyers B, Krumm J, et al. Easyliving: Technologies for intelligent environments[C]// Handheld and ubiquitous computing. Springer Berlin Heidelberg, 2000, 12-29.

[8] Streitz N A, Tandler P, Müller-Tomfelde C, et al. Roomware: Towards the Next Generation of Human-Computer: Interaction based on an Integrated Design of Real and Virtual Worlds[J]. Human-Computer Interaction in the New Millenium, Addison Wesley, 2001, 551-576.

[9] http://architecture.mit.edu/house_n/

[10] K. Larson, "The Home of the Future", Architecture and Urbanization, 361, 2000. (MIT House_npoject)

[11] Tamura T, Togawa T, Ogawa M, et al. Fully automated health monitoring system in the home[J]. Medical engineering & physics, 1998, 20(8): 573-579.

[12] Lesser V, Atighetchi M, Benyo B, et al. The UMASS intelligent home project[C]// Proceedings of the third annual conference on Autonomous Agents. ACM, 1999, 291-298.

[13] Mokhtari M, Feki M A, Abdulrazak B, et al. 3 Toward a Human-Friendly User Interface to Control an Assistive Robot in the Context of Smart Homes[M]//Advances in Rehabilitation Robotics. Springer Berlin Heidelberg, 2004, 47-56.

[14] Kidd C D, Orr R, Abowd G D, et al. The aware home: A living laboratory for ubiquitous computing research[M]//Cooperative buildings. Integrating information, organizations, and architecture. Springer Berlin Heidelberg, 1999, 191-198.

[15] Helal S, Mann W, El-Zabadani H, et al. The gator tech smart house: A programmable pervasive space[J]. Computer, 2005, 38(3): 50-60.

[16] Intille S S, Larson K, Tapia E M, et al. Using a live-in laboratory for ubiquitous computing

research[M]//Pervasive Computing. Springer Berlin Heidelberg, 2006: 349-365.

［17］Helal S, Mann W, El-Zabadani H, et al. The gator tech smart house: A programmable pervasive space[J]. Computer, 2005, 38(3): 50-60.

［18］Lee C, Helal S, Lee W. Universal interactions with smart spaces[J]. Pervasive Computing, IEEE, 2006, 5(1): 16-21.

［19］Bose R, King J, El-Zabadani H, et al. Building plug-and-play smart homes using the atlas platform[C]//Proceedings of the 4th International Conference on Smart Homes and Health Telematic (ICOST), Belfast, the Northern Islands (June 2006), 2006.

［20］Mozer M C. The neural network house: An environment hat adapts to its inhabitants[C]// Proc. AAAI Spring Symp. Intelligent Environments. 1998, 110-114.

［21］Bhattacharya A, Das S K. LeZi-update: an information-theoretic approach to track mobile users in PCS networks[C]//Proceedings of the 5th annual ACM/IEEE international conference on Mobile computing and networking. ACM, 1999, 1-12.

［22］Lesser V, Atighetchi M, Benyo B, et al. The intelligent home testbed[J]. environment, 1999, 2:15.

［23］Kidd C D, Orr R, Abowd G D, et al. The aware home: A living laboratory for ubiquitous computing research[M]//Cooperative buildings. Integrating information, organizations, and architecture. Springer Berlin Heidelberg, 1999, 191-198.

［24］Bonner S. Education in ancient Rome: From the elder Cato to the younger Pliny[M]. Routledge, 2011.

［25］Cerny M, Penhaker M. Circadian rhythm monitoring in homecare systems[C]//13th international conference on biomedical engineering. Springer Berlin Heidelberg, 2009, 950-953.

［26］Chan M, Campo E, Estève D. Assessment of activity of elderly people using a home monitoring system[J]. International Journal of Rehabilitation Research, 2005, 28(1): 69-76.

［27］Demongeot J, Virone G, Duchêne F, et al. Multi-sensors acquisition, data fusion, knowledge mining and alarm triggering in health smart homes for elderly people[J]. Comptes Rendus Biologies, 2002, 325(6): 673-682.

［28］Mokhtari M, Feki M A, Abdulrazak B, et al. 3 Toward a Human-Friendly User Interface to Control an Assistive Robot in the Context of Smart Homes[M]//Advances in Rehabilitation Robotics. Springer Berlin Heidelberg, 2004: 47-56.

［29］Yamazaki T. Beyond the smart home[C]//Hybrid Information Technology, 2006. ICHIT’06. International Conference on. IEEE, 2006, 2: 350-355.

［30］蒋伟明．中国智能家居的现状及发展趋势［J］．科技视界，2014，(18)：326.

［31］马蕊．现代家居智能化发展及应用研究［D］．北方工业大学，2014.

[32] 闫军．别墅智能家居系统的设计与实现 [J]．电子技术与软件工程，2015，(23)．
[33] 佟冬．当议智能家居中物联网技术的应用 [J]．电子技术与软件工程，2015，(19)．
[34] 舒文琼．智能家居遭遇标准之殇，平台化成另类出路 [J]．新变革 _ 精品运营，2015，(30)．
[35] 朱敏玲．智能家居发展现状及未来浅析 [J]．电视技术，2015，39 (4)．
[36] 窦智，蒋蕊．我国智能家居的现状与发展前景盯 [J]．数字技术与应用，2014，(6)：207.
[37] 徐峰．浅谈智能家居的技术与发展趋势日 [J]．通讯世界，2015，(22)：216.
[38] 吴晓，周建平．物联网技术在智能家居中的应用研究 [J]．智能处理与应用，2012，(11)：71-73.
[39] 朱敏玲，李宁．智能家居发展现状及未来浅析 [J]．电视技术，2015，(4)：82-85.
[40] 马晓槟．智能家居，智慧生活 [J]．电视技术，2014，(S1)：54-58，66.
[41] 李刚．智能家居的现状及发展趋势 [J]．中国新通信，2016，(19):67.
[42] 王宇，於金生．智能家居综合布线系统的基本概念 [J]．建筑电气，2003，(03)：54-57.
[43] 冯凯，童世华．智能家居的由来及其发展趋势 [J]．中国新技术新产品，2010，(06)：65.
[44] 党卿．视频监控技术在智能家居中的应用 [J]．硅谷，2009 (21)．
[45] 阮晓东．智能家居市场激荡变革 [J]．新经济导刊，2015，(Z1)：64-67.
[46] 马健．智能家居频遭滑铁卢，瓶颈问题不容忽视 [J]．物联网技术，2011，01 (6)：14-15.
[47] 张卫芳，张永坚，高赛．Linux 系统实现资源网络共享方法的研究 [J]．微型机与应用，2014，(15)：47-49.
[48] 吴列宏，杨威，孟亚洁．国内外智能家居市场发展现状浅析 [J]．现代电信科技，2014，(12)：71-74.
[49] 李维勇．Android 项目驱动教程 [M]．北京：北京航空航天大学出版社，2014.
[50] 张舒．基于 Android 的虚拟交友社区研究与实现 [D]．北京邮电大学，2010.
[51] 吴孜祺．中国智能家居市场一览 [J]．日用电器，2011，(07)：15-16.
[52] 王晖．中国智能家居市场走向何处 [J]．智能建筑，2010，(02)：19-21.
[53] 涂序彦．大系统控制论 [M]．北京：国防工业出版社，2005.
[54] 王春晓、李俊民，不确定关联大系统对时变参数的自适应控制 [J]．控制与决策．2004，19 (6)：687-690
[55] 汤兵勇、梁晓蓓．企业管理控制系统 [M]．北京：机械工业出版社，2007.